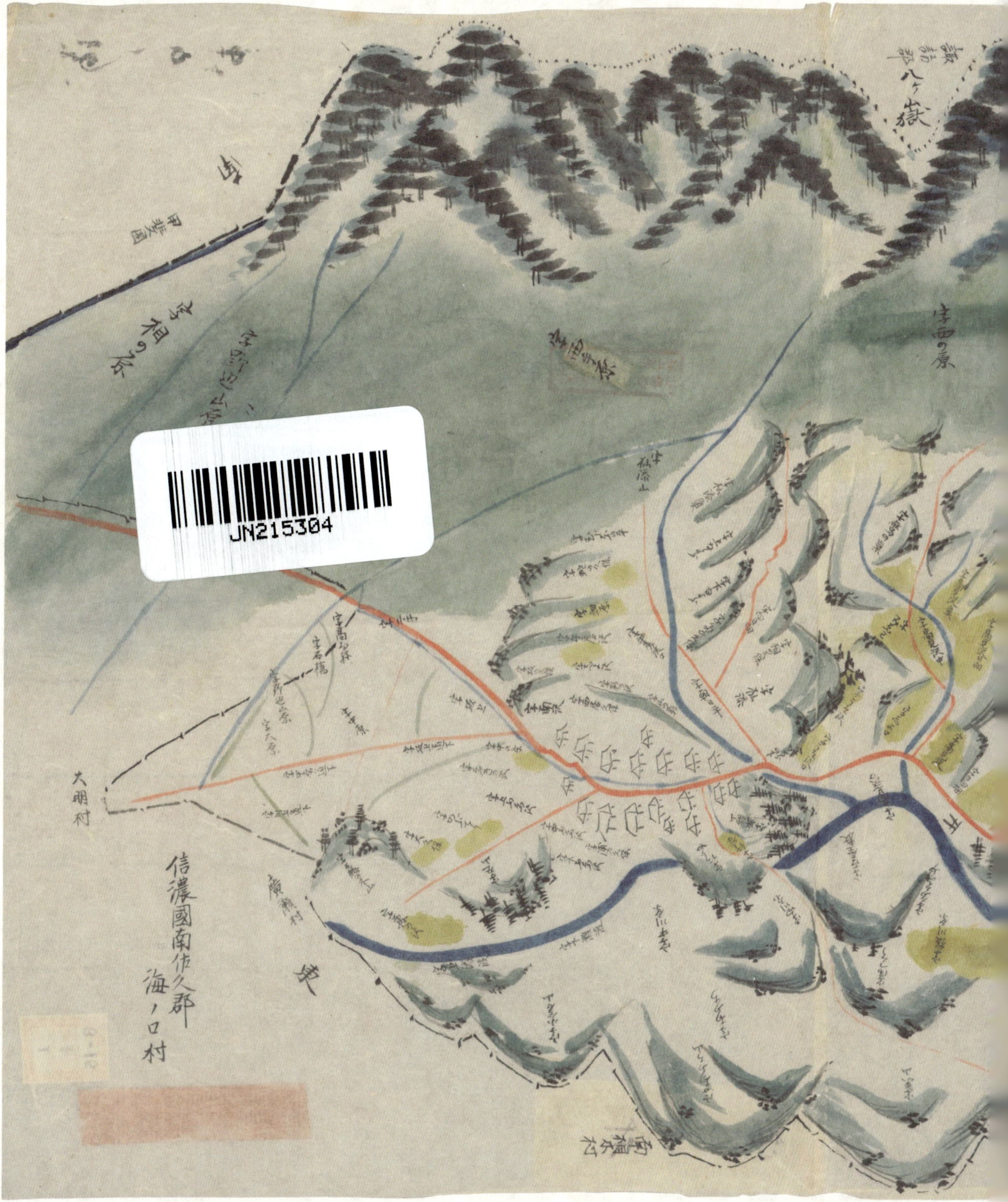

諏訪郡八ヶ嶽
甲斐國
大明村
信濃國南佐久郡
海ノ口村
東
南相木村

# 日本の郵便と歩んだ井出家五代

―地方郵便史の発掘―

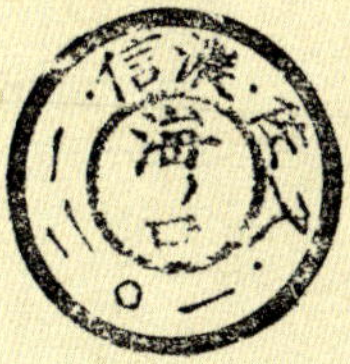

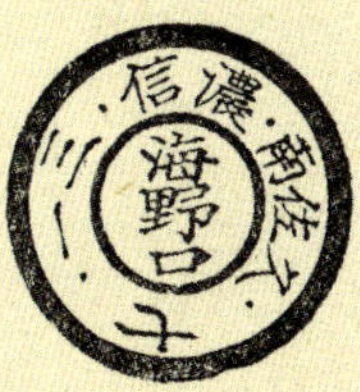

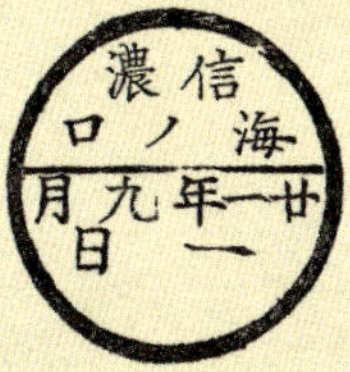

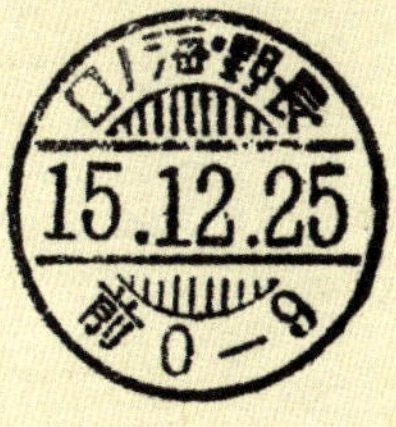

# 地方郵便史の発掘

明治4年、日本で郵便が創業されてから、まもなく150年を迎えようとしています。この1世紀半の間、郵便は常に人々の通信を支え続けてきました。そして、郵便業務を実際に担い、維持してきたのは全国津々浦々の1局1局の郵便局です。

郵便制度の導入は、明治新政府によって意図されました。しかし、初代海ノ口郵便局長・井出三蔵に宛てた駅逓頭・前島密の郵便取扱任命状に見られるように、新政府は財力に乏しく、それぞれの土地の名主の力なしに郵便制度を形作ることはできませんでした。そうした日本の郵便の原点を見直すためにも、いま地方郵便史の発掘が求められています。

本書は長野県南佐久郡南牧村の海ノ口で、代々郵便局長を務めた井出家に受け継がれてきた貴重な郵便史料を紹介するものです。本書の刊行により史料を記録するとともに、切手の博物館（東京・目白）の特別展において実物史料の公開を行います。

井出家の史料は一郵便局の歴史というだけでなく、地方郵便史の典型となる姿を示しています。この公開をひとつの契機として、全国のさらなる史料発掘につながることを期待しています。

**切手の博物館・特別展**
「日本の郵便と歩んだ井出家五代―地方郵便史の発掘―」
会　期：2018年4月18日(水)～4月22日(日)・24日(火)
会　場：切手の博物館スペース1・2
〒171-0031 東京都豊島区目白1-4-23　☎03-5951-3331

# 万国郵便連合加盟五十年記念　万国切手集

かつて海ノ口郵便局に飾られていた万国切手集。ドイツ、オーストリア、フランスのほか、ヨーロッパ諸国の切手の使用済を中心に構成され、日本切手の使用済も混じり込んでいる。寒村の郵便局で万国切手集に接した人々は、さぞかし物珍し気に眺めたことだろう。郵便局は世界に向けた窓ともなっていた。日本の万国郵便連合加盟50年は昭和2年（１９２７）に当たり、万国切手集の製作は奈良の山口商店輸入部、販売は同商店の切手部とある。

# 日本の郵便と歩んだ井出家五代

目次

海ノ口郵便局の局舎で使われた郵便ポスト。正式名は草色ペンキ塗掛箱。明治前期。

信濃國海ノ口郵便局印。
各種業務の式紙類に押
された郵便局の印。

# 第一章

「日本の郵便と歩んだ井出家五代―地方郵便史の発掘―」の舞台は、長野県南佐久郡南牧村《みなみまき》にある海ノ口《うみのくち》郵便局。南牧村はJR佐久海ノ口駅周辺の海ノ口地区と、国立天文台の宇宙電波観測所がある野辺山高原の野辺山地区とからなる。海ノ口地区には千曲川が流れ、野辺山地区は八ヶ岳の裾野に広がっている。

※南牧村は、海尻、海ノ口、広瀬、板橋、野辺山、平澤の集落からなり、千曲川は広瀬、海ノ口、海尻を流れる。

戦前の昭和13年（1938）当時の地図帳より

# 井出新九郎さん井出家五代の郵便局長を語る

**井出新九郎　昭和16年（1941）生まれ**
井出家の五代目郵便局長。日本楽器を経て、郵便局勤務に就く。中込局・北相木局・岸野局の郵便局長を務め、平成17年（2005）、職を辞す。

井出家は代々、長野県の東信地区でも山梨県寄りの海ノ口郵便局の局長を務めてきました。

井出家は私で十四代目になります。祖先は海ノ口よりも千曲川の下流に位置する古屋敷《ふるやしき》というところに住んでいたのですが、千曲川の氾濫でしばしば大水に流され、海ノ口に移住してきたという経緯があります。

とはいっても、海ノ口も豪雪、厳寒という土地柄で、非常に自然の厳しいところだったのですね。厳冬期には蜜柑が凍ってしまいますし、薄毛のご老人などは帽子を被って寝たりしていました。

## 井出三蔵、郵便取扱人に任命される

海ノ口の初代郵便局長となった三蔵《さんぞう》の前の代くらいから、井出家は海ノ口の庄屋をやっておりました。佐久地方を管理していたのは御代田《みよた》（現北佐久郡の町）にいた代官で、なにかあると庄屋を呼び出すわけです。それが明治になって、ある日のこと、今度は新政府の役人から呼び出しが掛かります。

それで恐る恐る赴いたところ、日本に郵便制度というものができて、お前は海ノ口の郵便取扱人

明治10年（1877）、井出家の自宅内に新築した海ノ口郵便局

**井出三蔵　(1811-1888)**
海ノ口郵便局初代局長。明治7年（1874）-明治15年（1882）在職。掛け軸の肖像画が残されている。

をやれという。良いも悪いもお上の命令ですから、どうしようもありません。当時の庄屋はある程度の田畑や土地を持っておりましたから。

海ノ口の郵便取扱所は明治7年（1874）3月1日に開設されるのですが、駅逓頭・前島密からの任命状は後付けの同年10月になっていました（表紙参照）。しかも、「ただし当分の間、自宅を郵便取扱所と称しなさい（但當分其自宅ヲ以郵便取扱所ト相稱可申事）」というのです。取るものも取りあえず自宅で郵便取扱の仕事を始めるわけですが、明治10年（1877）には自宅の敷地内に海ノ口郵便局舎を新築しました。

海ノ口は佐久甲州街道の道中にあり、山梨との接点でした。当時は鉄道などの輸送機関はありませんから、郵便物は局から局へ受け継がれるわけですが、相当の距離があります。開局1年後の明治8年（1875）4月10日付の請願書では、海ノ口局と山梨・若神子《わかみこ》局間に逓送専任の脚夫を往復させたい旨を願い出ています。

## 国界橋交換所郵便待合日記

受け継がれた郵便資料のなかに、明治20年（1887）に記された「国界橋《こっかいばし》交換所郵便待合

JR最高地点の周辺。手前のJR小海線を横切って伸びていくのが、旧道の佐久甲州街道。国界橋交換所はこの先、1.5キロほどのところにあった。

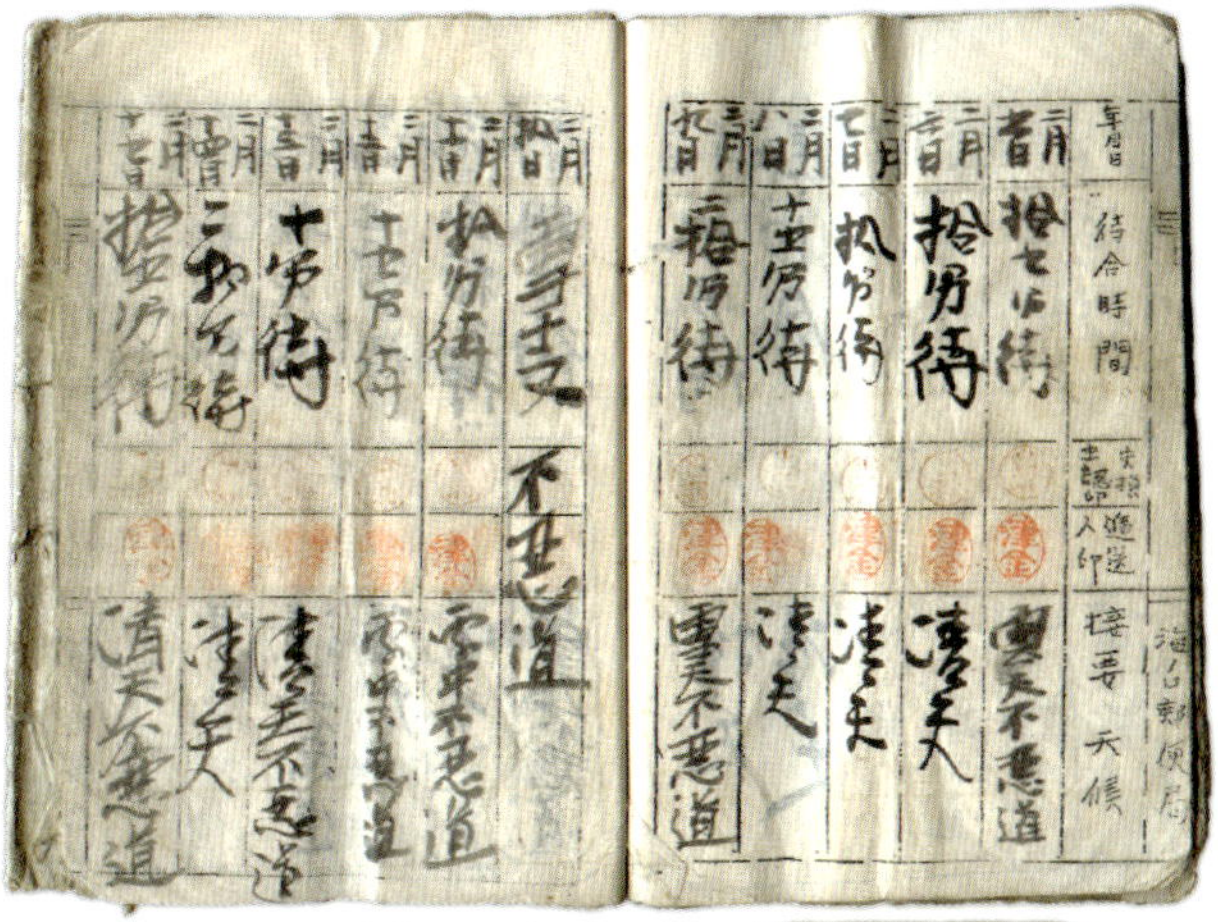

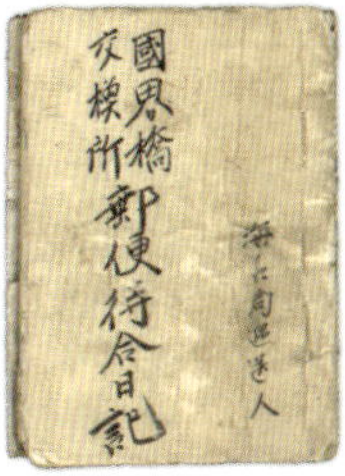


「国界橋交換所郵便待合日記」（明治20年）。海ノ口局と若神子局の脚夫（逓送人）が、長野と山梨の国境周辺の民家で落ち合い、郵便物を交換した記録。冬場の記述には「雪支　不悪道」の文字も見られ、郵便物の交換ができない日もあった。

日記」があります。これは二代局長、善平《ぜんぺい》の時代のものですが、遠距離の海ノ口局と若神子局の各逓送人が国境で落ち合い、それぞれの局の郵便物を交換した記録です。

佐久甲州街道は、現在は国立天文台の宇宙電波観測所がある野辺山高原を通り、とくに冬場は雪に閉ざされます。他に通行人はおらず、降雪による倒木などもある悪路のため、双方の中央に位置している国境の橋「国界橋」付近の民家を交換所としたのですね。

ひさしぶりに私も先日、国界橋周辺に出掛けてみました。国道１４１号線を山梨方面に南下していくと、野辺山駅をしばらく過ぎたところで小海線と併走します。ここがＪＲ最高地点で、線路を越えてかつての佐久甲州街道（旧道）が伸びています。当日は降雪のため、路面が凍結しており、それ以上の進行は諦めましたが、明治20年の頃はもっと狭い道だったのでしょう。「待合日記」を見ると、「降雪ノ為海ノ口便ハ雪支＊1（3月6日）」「二時間待　雪中不悪道（3月8日）」などの記録が散見し、当時の逓送の過酷さが思い起こされました。

＊1　雪支（ゆきつかえ）／降雪による通行不可のため、郵便物が逓送できないこと

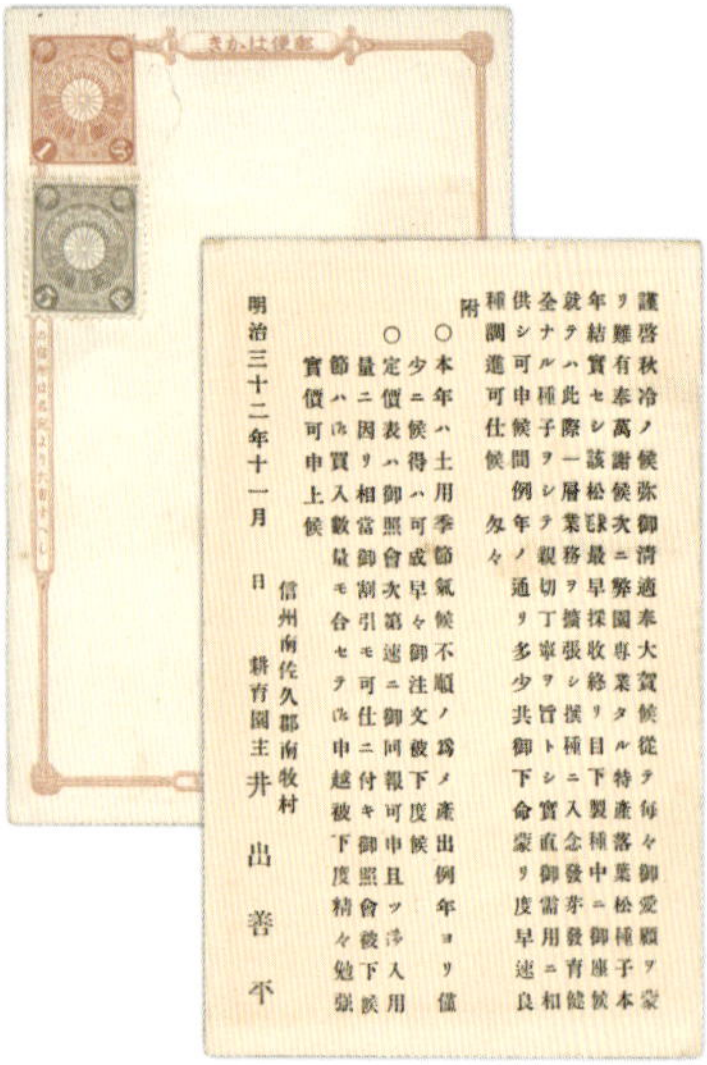
謹啓秋冷ノ候弥御清適奉大賀候従テ毎々御愛顧ヲ蒙
リ難有奉萬謝候次ニ弊園専業タル特産落葉松種子本
年結實セシ該松毬最早採収終リ目下製種中ニ御座候
就テハ此際一層業務ヲ擴張シ撰種ニ入念發芽發育健
全ナル種子ヲシテ親切丁寧ヲ旨トシ實直御需用ニ和
供シ可申候間例年ノ通リ多少共御下命蒙リ度早速良
種調進可仕候　匆々
附
○本年ハ土用季節氣候不順ノ爲メ産出例年ヨリ僅
少ニ候得ハ可成早々御注文被下度候
○定價表ハ御照會次第速ニ御回報可申且ツ多入用
量ニ因リ相當御割引モ可仕ニ付キ御照會被下候
節ハ御買入數量モ合セテ御申越被下度精々勉強
實價可申上候
明治三十二年十一月　日
信州南佐久郡南牧村
耕育園主 井出善平

カラマツ苗注文の案内文（明治32年11月）。「本年は例年よりも産出が僅少のため、早々にご注文下さい」との記載も。また、明治32年（1899）4月の料金改定により、菊紐枠はがき1銭に5厘切手が貼付されている。

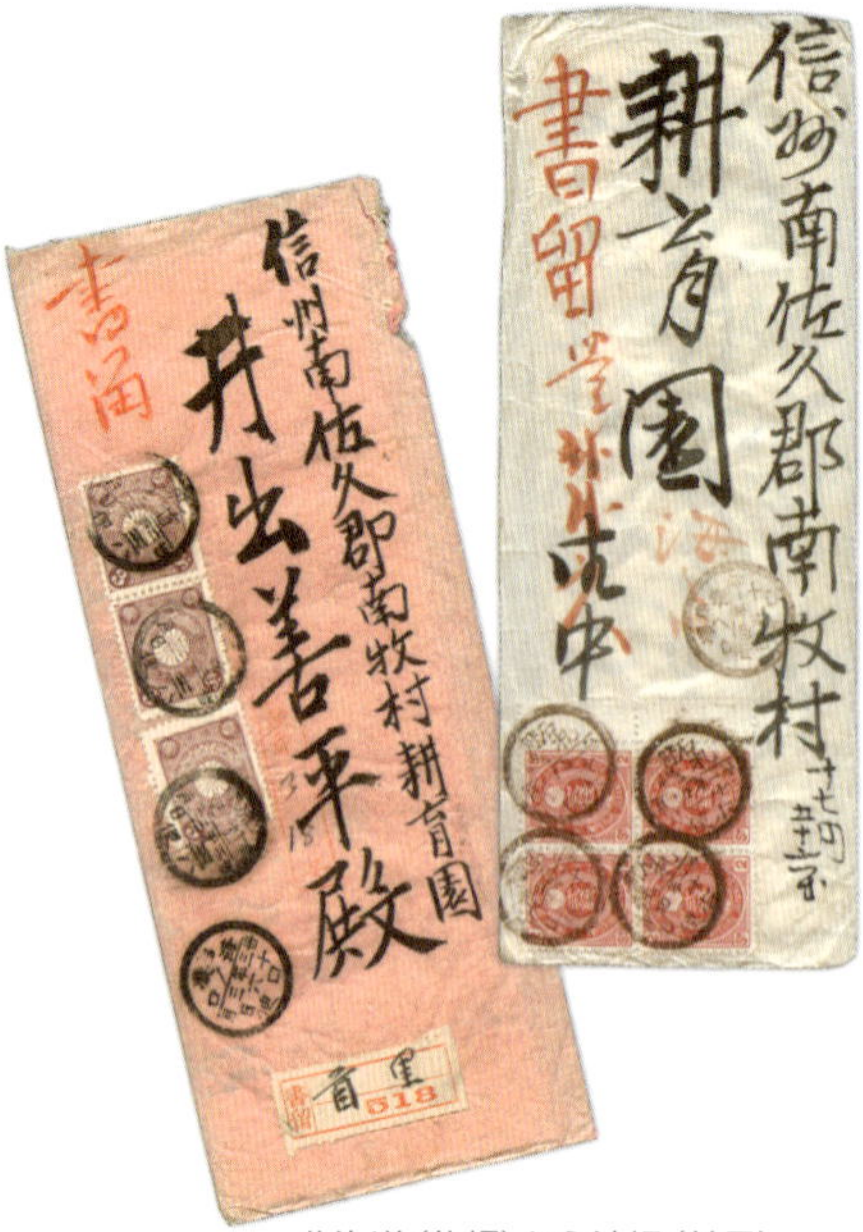


北海道（札幌）から沖縄（首里）まで、カラマツ苗注文の書留が全国から寄せられた。

**井出善平（1840-1906）**
海ノ口郵便局二代局長。明治15年（1882）一明治25年（1892）在職。局長職を務めつつ、多角的な家業経営に携わった。

# 善平、二代目の郵便局長を引き継ぐ

初代郵便局長、三蔵の功績は、なにも分からない状態から出発し、駅逓寮・駅逓局にさまざまな上申をしつつ、郵便局の形態や送達方法を創っていったことでしょう。明治15年（1882）に職を辞すまで、手探りで郵便業務の道筋を付けたのですね。

この時代の郵便局長は、いわゆる名誉職で持ち出しが多かったのですね。別に家業を持たなければやっていけなかった。ですから、こうした土地で何代も郵便局長するなど考えられず、井出家のような例はあまり多くはないと思います。

それでも初代三蔵はひたすら郵便業務に励んだのですが、二代目の善平は村の世話役と郵便局長の務めを果たしつつ、耕育園《こういくえん》というカラマツの苗の通信販売、井出薬舗《やくほ》という薬屋、また荒物屋などを営むことになりました。

とくにカラマツ苗の育成には力を入れて、野辺山高原の所有地でカラマツの苗を育て、それを菰《こも》(むしろ)に包んで、注文があれば通信販売をしました。それは国策でもあって、当時の日本の山野は禿げ山が多かったのです。残された注文の書

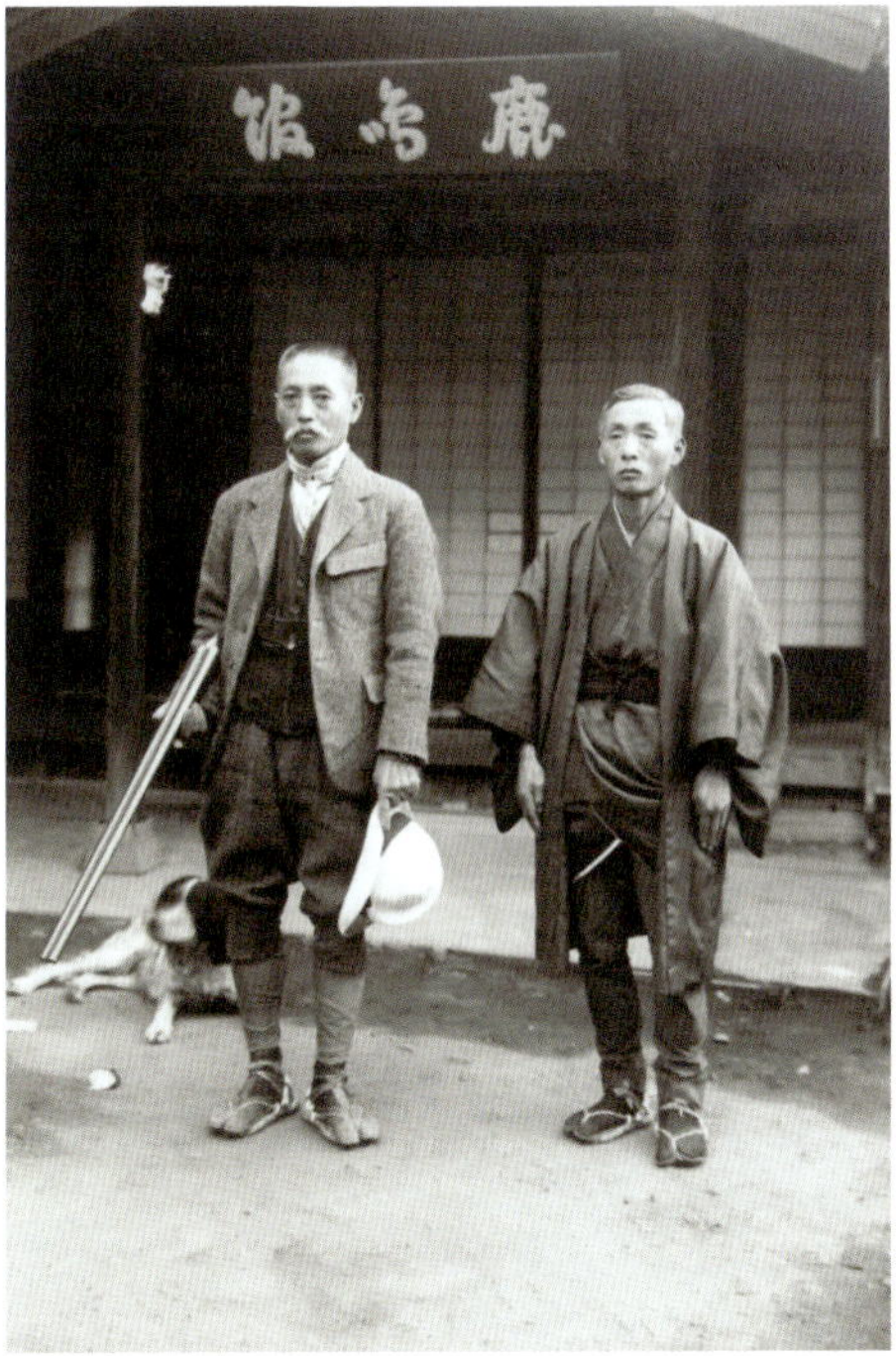

尾崎行雄（おざき・ゆきお）1858-1954）
日本の政治家、「憲政の神様」「議会政治の父」と呼ばれる。写真右は正水で、写真左が尾崎行雄。狩猟犬を伴い、休暇地での狩りのひとこまと思われる。大正14年10月撮影、海ノ口にて。

**星　亨（ほし・とおる　1850-1901）**
明治の政治家、日本の弁護士第１号。明治25年（1892）には衆議院議員となり、後には逓信大臣等を務める。その凄腕の政治手法から「おしとおる」との渾名も。明治34年（1901）、剣術家・伊庭想太郎に刺殺される。

国立国会図書館蔵

信濃国南佐久郡
海ノ口村
井出善平殿

〆
東京府京橋区三拾間堀三丁目五番地
星亨
一月廿二日投函

善平に宛てた星亨の書状。

留を見ると、通信販売の相手先は全国に及んでいます。とくに寒冷地では樹木が育たず、植樹が必要で、それにはカラマツがよかったのですね。

善平は局長になる前には、東京で学生生活を過ごしたようです。残された手紙のなかに政治家・星亨からのものが多くあり、どうやら学生時代につながりを持っていたものと思われます。三代目の郵便局長となる正水も学校のために上京しており、そのため東京からの郵便物がたくさん残っています。正水も政治家の尾崎行雄と親交があり、一緒に撮った写真が残されています。

ちなみに明治19年（1886）に、海ノ口郵便局は五等郵便局から三等郵便局＊2になりました。

＊2　明治19年、郵便局の等級を一等、二等、三等に区分し、郵便創業以来、郵便取扱を委託されていた各地の郵便取扱役は、三等郵便局長に任じられた。三等郵便局は後に特定郵便局と改称される。

## 三代郵便局長、正水と戦争の時代

三代目、正水《まさみ》は郵便局長の在職期間は非常に長かったですね。三蔵が8年間、善平が10年間に対し、明治、大正、戦前昭和を通じて50年間、局長をしています。

折しも、正水が海ノ口郵便局長を継いだのは

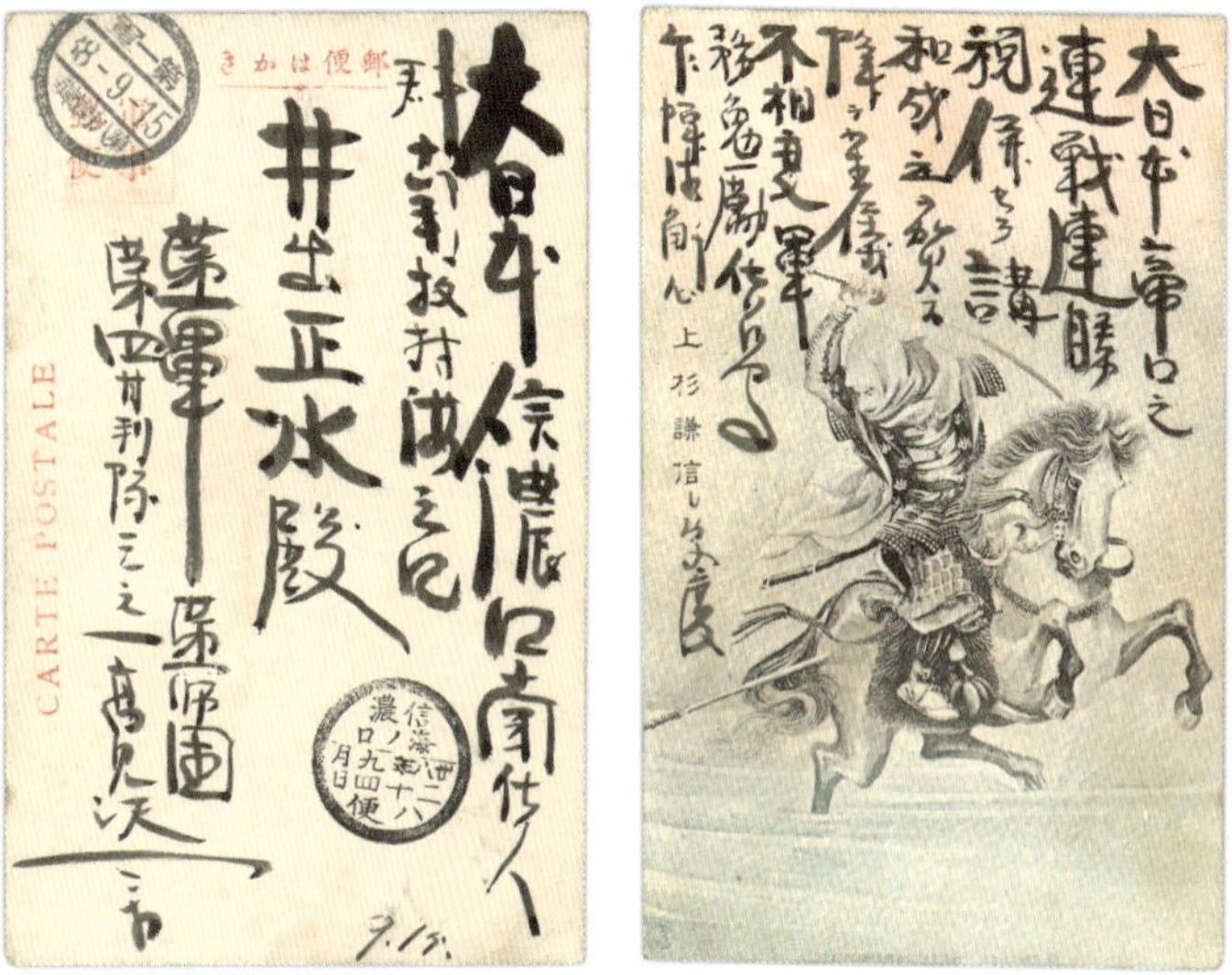


日露戦争時の軍事郵便。海ノ口郵便局長、井出正水宛。第一軍第八野戦局 明治38年9月15日付、海ノ口 9月24日着。裏面には「大日本帝国之連戦連勝祝併セテ講和成立ヲ賀ス」の文面が見える。日露講和条約はアメリカ東部のポーツマスで、明治38年（1905）9月5日（日本時間／アメリカ時間9月4日）に調印されたばかりだった。

**井出正水（1867-1944）**
海ノ口郵便局三代局長。明治25年（1892）－昭和17年（1942）まで50年に亘って在職した。

明治25年（1892）。その直後の明治27〜28年（1894〜1895）には日清戦争、明治37〜38年（1904〜1905）に日露戦争と、日本が戦争の時代に突入していった時期でした。また、正水は若い人の支援に熱心であったと聞いています。

井出家には日清戦争、日露戦争、満洲事変など、軍事郵便物が多く残されていますが、それは正水関係のものです。海ノ口村から出兵する若い兵士たちを、正水は個人的に激励したといいます。ですから、多くの兵士たちが皆、戦地から正水にお礼の手紙をしたためたのですね。それらの軍事郵便を見ると、戦線を移動しながらの通信であったことが分かります。

## 四代郵便局長、正武と野辺山の駐屯部隊

さて、四代目、正武《まさたけ》は私の父ですが、歴代のなかで一番苦労した局長です。局長になったのは昭和17年（1942）3月で、前年12月8日には真珠湾攻撃が行われた時期です。八ヶ岳の裾野、野辺山高原は以前から軍隊の駐屯が行われていた土地ですが、兵隊さんは井出家で食事をしたり、蕎

野辺山駐屯部隊の演習光景。

**井出正武(1902-1990)**
海ノ口郵便局四代局長。昭和17年(1942)—昭和46年(1971)在職。

麦を手繰ったりしていました。

私の幼少時にも兵隊さんたちの思い出があります。局の横が私の自宅で、将校でしょうか、軍馬に乗った兵隊さんが3人立ち寄り、食事をするのです。馬番の3人は外でおにぎりを頰張っていましたね。一番大変だったのは戦争が激化してからで、軍事電報が暗号で来て、それも真夜中に来たりする。父はそれを持って、ほとんど毎晩、野辺山の駐屯地まで行っていました。

その返礼でしょうか、駐屯部隊が撤退するときには、部隊長が荷車を3台か4台持ってこいと言うのです。軍隊で使った毛布、防寒具一式や家具、部隊長の部屋に飾っていた絵まで、全部をお礼にいただきました。

## 私と海ノ口郵便局

そして、終戦を迎え、戦後になると、正武には別の苦労が待っていました。私は大学を卒業して、すぐに海ノ口の郵便局長を継ぐつもりだったのですが、それが出来ず、縁があって日本楽器製造㈱(後のヤマハ)に就職しました。仕事はやはり甲斐もあり、楽しかったのですが、3年後、状況が変わってきました。

海ノ口郵便局、2番目の局舎。大正3年(1914)築造。

井出家のおおもと、初代は井出新九良《しんくろう》[*3]といい、私と同じ読みです。郵便局を継ぐためには男の子が必要なわけですが、私は姉が3人で、ようやく生まれた待望の男子でした。それで喜んで初代の名前を付けたのですね。

＊3　井出新九良／永正2年（1505）に生まれ、文禄2年（1593）に死去。当地の豪族だった。海ノ口は韮崎から千曲川沿いに長野に抜ける要路で、天文5年（1536）12月末には武田晴信に攻められ、海ノ口城が落城。新九良31歳のときだった。

そのため私が就職した頃には、父、正武はすでに高齢に達しており、後継に強い意向を持っておりました。

その後、私は郵政に採用されたのですが、郵便局長になるには年齢制限があり、父はそれを待って、75～76歳という高齢まで郵便局長を務めていたのです。しかし私は結局、海ノ口局は継がず、臼田局や岩村田局などの大きな局に務めた後、別の郵便局で局長を務めてから職を辞しました。

## 局舎の変遷と郵便史料の保存

最初の局舎が三蔵によって明治10年に建てられたことは、さきほど申しましたが、大正年間に正水が2番目の局舎に建て替えます。その後、昭和16年（１９４１）、海ノ口郵便局は特定郵便局[*4]となりました。ここまでは本村《ほんそん》という海ノ口の山間

海ノ口郵便局、4番目の現在の局舎。平成7年（1995）築造。

海ノ口郵便局の風景印。八ヶ岳と野辺山高原の放牧を描く。1952年の使用開始で、四代正武の時代に作られた。

海ノ口郵便局、3番目の局舎。現在地に移転し、昭和41年（1966）築造。

地域にあり、いまの場所（南佐久郡南牧村海ノ口981－1）に移転したのは3番目の建て替えで、正武が行いました。また、現在の4番目の局舎は、私が平成7年（1995）に建て替えました。

＊4　特定郵便局／昭和16年、従来の「三等郵便局」を改称したもの。平成19年（2007）の郵政民営化後、特定郵便局は廃止された。民営化前、全国2万4000局の約4分の3が特定郵便局だった。

郵政民営化後、多くの郵便局がその規模を減らすなかで、主要なネットワーク局である海ノ口郵便局は、以前のままの規模で業務を行っており、地域の暮らしを支え続けています。

また、初代、三蔵以来の多くの郵便史料が残されたのは、二代の善平が物を捨ててはいけないという気持ちの持ち主だったからでしょう。郵便という大事な仕事の記録を後世に残すという強い意志があり、自宅の土蔵の2階に関連の史料をまとめて保存していたのです。それが家の伝統ともなり、父の正武が分類したり、補修、整理をしています。私もその伝統を継いでいこうと思っていますし、一郵趣家としてこの先も郵便史料を楽しんでいこうと思っています。

＊聞き手・文責／平林健史（日本郵趣出版）

# 第二章 初代郵便局長 井出三蔵の時代

一通の任命状の到来。
すべてはそこから始まった。
郵便取扱という未知の業務に
私財を投げうって取り組んだ
初代海ノ口郵便局長・井出三蔵。
史料から地方における郵便創業の
ドキュメントが見えてくる。

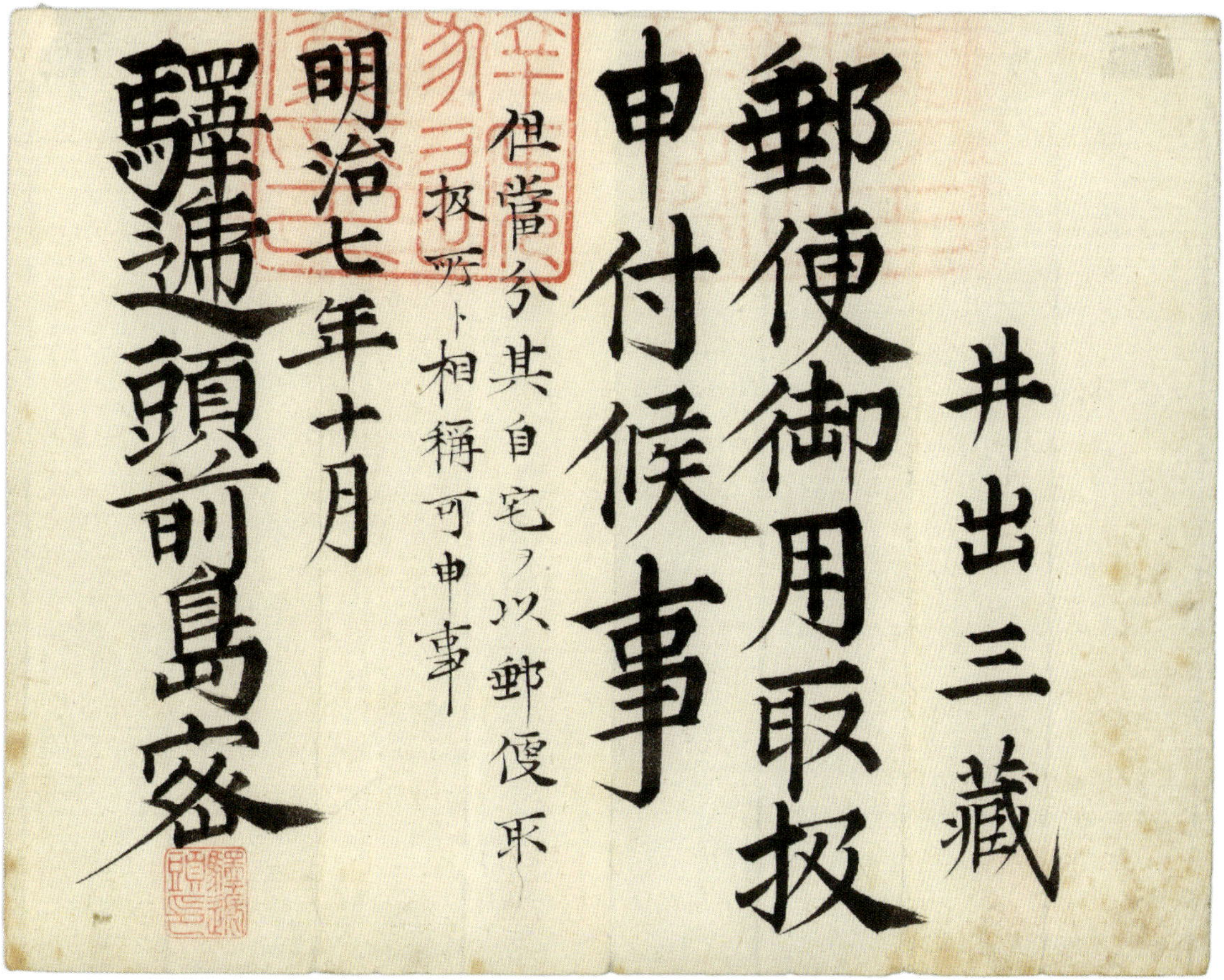

井出三藏

郵便御用取扱

申付候事

但當分其自宅ヲ以郵便取

扱所ト相稱可申事

明治七年十月

驛逓頭前島密

明治7年10月付、海ノ口郵便取扱役の任命状。任命者は駅逓頭・前島密。
「当分の間、自宅を郵便取扱所と称するように」との但し書きが記されている。

| 御出方総計 | 御手當切手賣下手数料 | | | | 配達人足其外賃金 | | | | | |
|---|---|---|---|---|---|---|---|---|---|---|
| 金 | 合高 | 夜継 | 御定式手當 | 手数料 | 合高 | | 市別内便 | 市外 | 市内 | |
| | | | | | | | | | | |

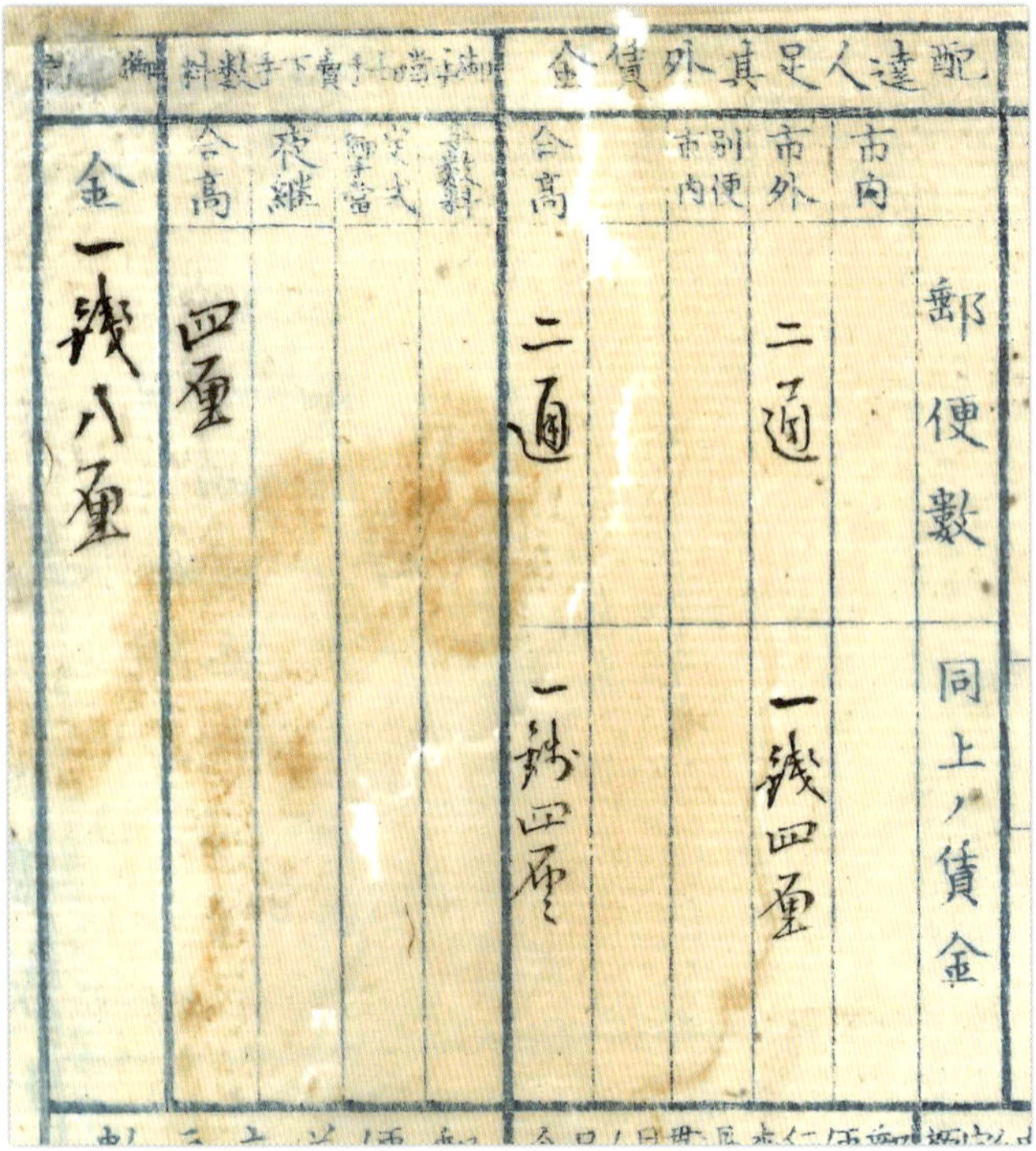


実質的に郵便取扱が始まった明治7年4月の御勘定仕上書より。ひと月に配達された書状は市外宛2通のみだったことが分かる。

# 海ノ口郵便局の開局

## —月二通の配達郵便物から始まる—

この2頁にわたる資料は、初期の郵便事情、ひいては郵便局の経営状況を詳細に伝えてくれる。開局初月の配達郵便物が2通。販売された切手が僅か10枚。しかもそれが仮に全て郵便物に貼付され差し出されたとしても、この時期は書状二匁《もんめ》迄が市外2銭であるから、全てが二匁迄の市外書状と仮定しても僅か5通分である。また、当時の書状の基本料金に対応する2銭切手が、半年以上配備されなかったのも不思議ではある。

これらの情報は、海ノ口局差出の郵便物の推定存在数を与えてくれる貴重な資料であり、その評価をする際に大いに役立つものである。この意味で収集界に対する貢献は非常に大である。

それはさておき、この資料から読み取るべきもっと重要なことがある。このような、ビジネスとして全く成り立ちそうもないような経営状況でも、きちんと自局の郵便関連業務を続けて来られ、その結果日本の逓信事業を支えて来られた井出家のような方々の労苦に思いをはせることであり、今の日本の郵政事業の礎がここにあるということを再認識し、改めて感謝の念を示すことを忘れてはならないであろう。

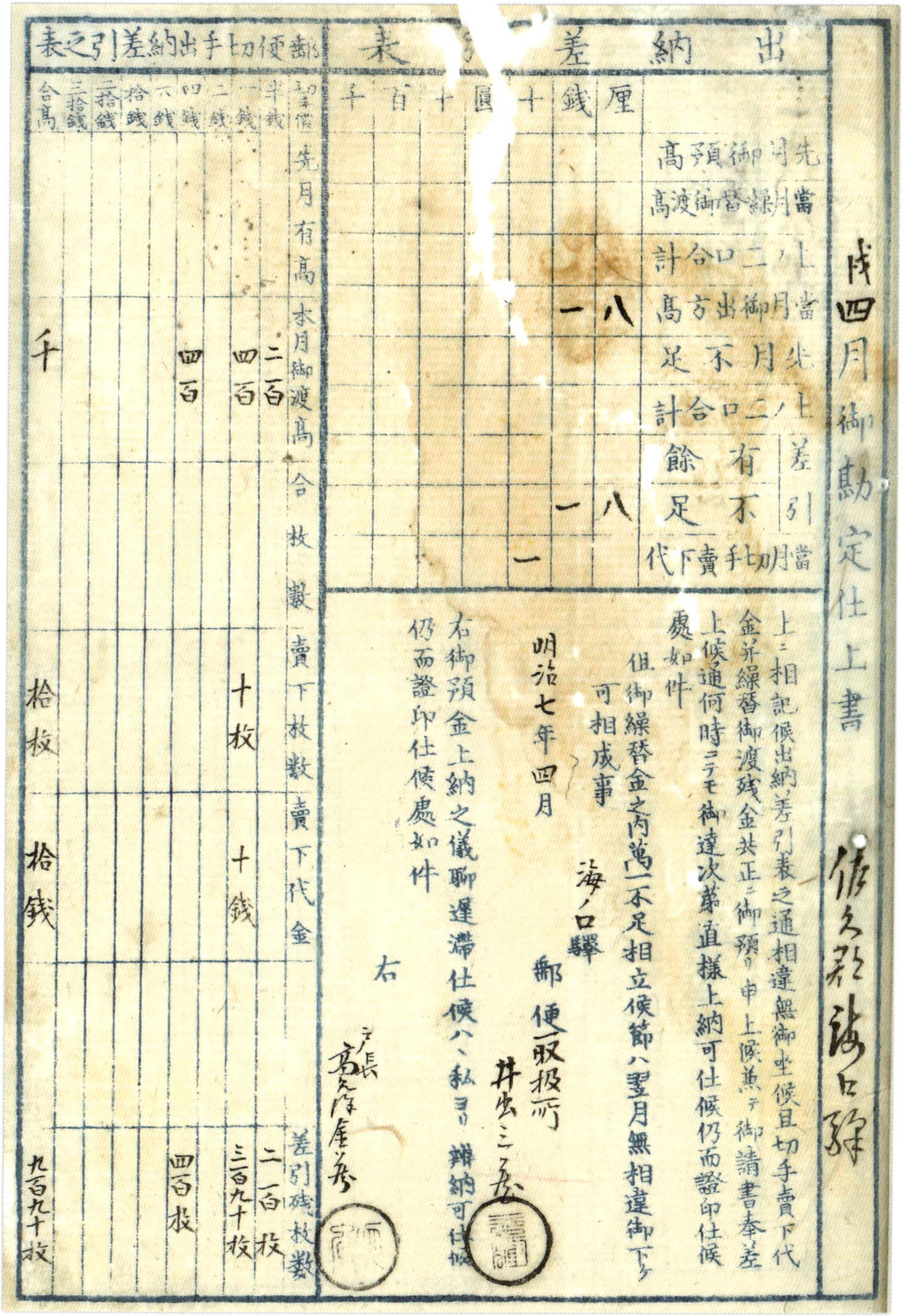
出納差引表
郵便切手出納差引之表
戌四月御勘定仕上書
海ノ口驛

| | |
|---|---|
| 先月御預高 | |
| 當月繰替御渡高 | |
| 上ノ二口合計 | |
| 當月御出方高 | 八 一 |
| 先月不足 | |
| 上ノ二口合計 | |
| 差引 有餘 | |
| 差引 不足 | 八 一 |
| 當月切手賣下代 | 一 |

| 當切手 | 先月有高 | 本月御渡高 | 合枚數 | 賣下枚數 | 賣下代金 | 差引残枚數 |
|---|---|---|---|---|---|---|
| 半錢 | | 二百 | | | | 二百枚 |
| 一錢 | | 四百 | | 十枚 | 十錢 | 三百九十枚 |
| 二錢 | | | | | | |
| 四錢 | | 四百 | | | | 四百枚 |
| 六錢 | | | | | | |
| 拾錢 | | | | | | |
| 二拾錢 | | | | | | |
| 三拾錢 | | | | | | |
| 合高 | | 千 | | 拾枚 | 拾錢 | 九百九十枚 |

上ニ相記候出納差引表之通相違無御坐候且切手賣下代金并繰替御渡残金共正ニ御預り申上候兼テ御請書奉差上候通何時ニテモ御達次第直様上納可仕候仍而證印仕候處如件

但御繰替金之内萬一不足相立候節ハ翌月無相違御下ケ可相成事

明治七年四月　海ノ口驛　郵便取扱所　井出三蔵

右御預金上納之儀聊遅滞仕候ハヽ私ヨリ辨納可仕候仍而證印仕候處如件

右　戸長

**御勘定仕上書**
明治7年4月に半銭切手200枚、1銭切手400枚、4銭切手400枚が支給されている。しかし、4月の切手売捌数は1銭切手が10枚だけだった。 同年11月には2銭切手100枚が追加で支給された。

**明治7年に支給された桜切手**（洋紙）カナ入り

※切手は参考図版

初代郵便局長 井出三蔵の時代

開局9ヵ月後の明治7年12月の御勘定仕上書。切手売捌数は半銭切手が10枚、1銭切手が4枚、2銭切手が12枚となっている。また、12月の配達郵便物は市内宛3通、市外宛5通と裏面に記録がある。

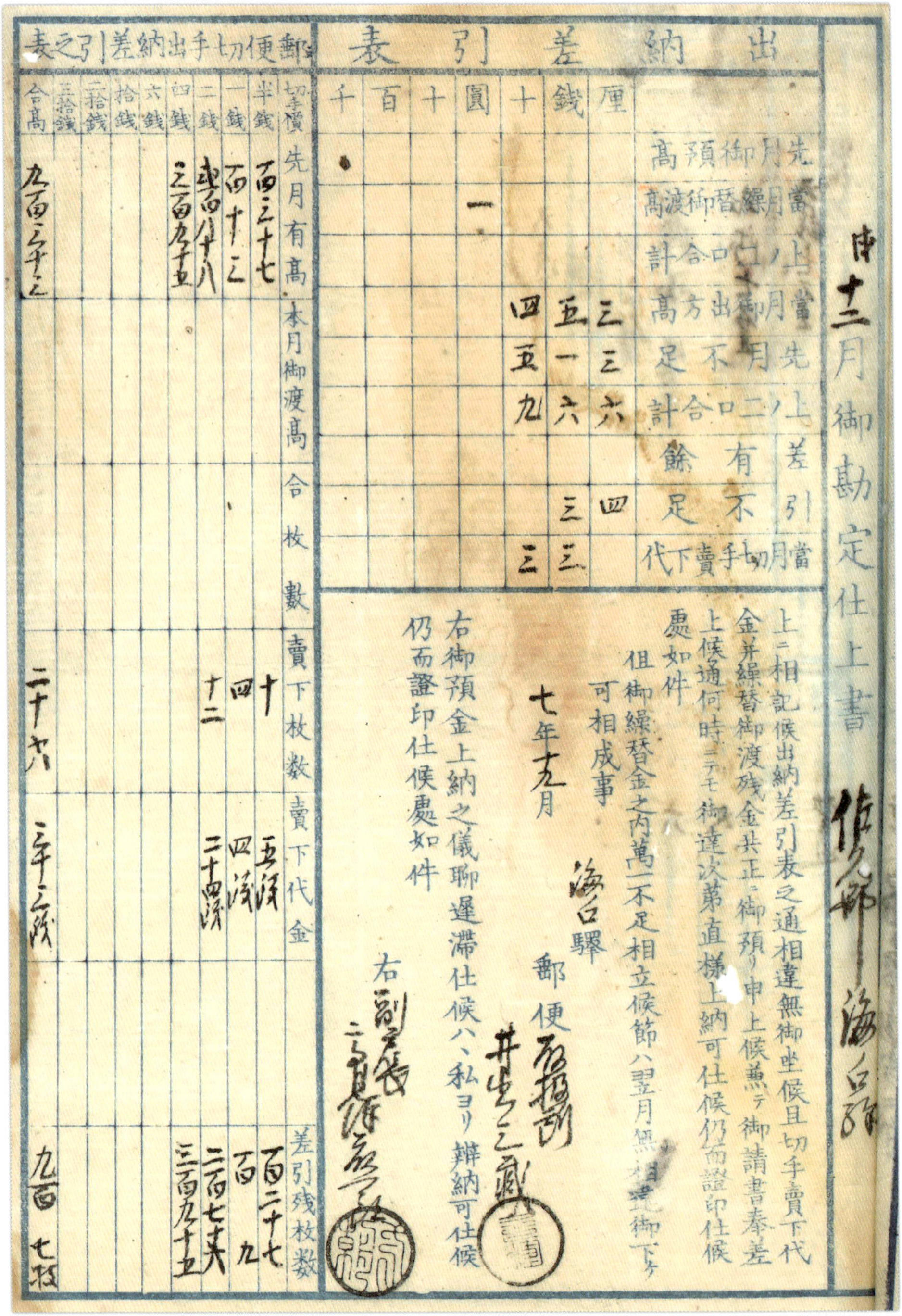

申十二月御勘定仕上書

出納差引表

郵便切手出納差引之表

上ニ相記候出納差引表之通相違無御坐候且切手賣下代金并繰替御渡残金共正ニ御預り申上候兼テ御請書奉差上候通何時ニテモ御達次第直様上納可仕候仍而證印仕候處如件

但御繰替金之内萬一不足相立候節ハ翌月無相違御下ケ可相成事

七年十二月

右御預金上納之儀聊遅滞仕候ハヽ私ヨリ辧納可仕候仍而證印仕候處如件

＊はがきは参考図版

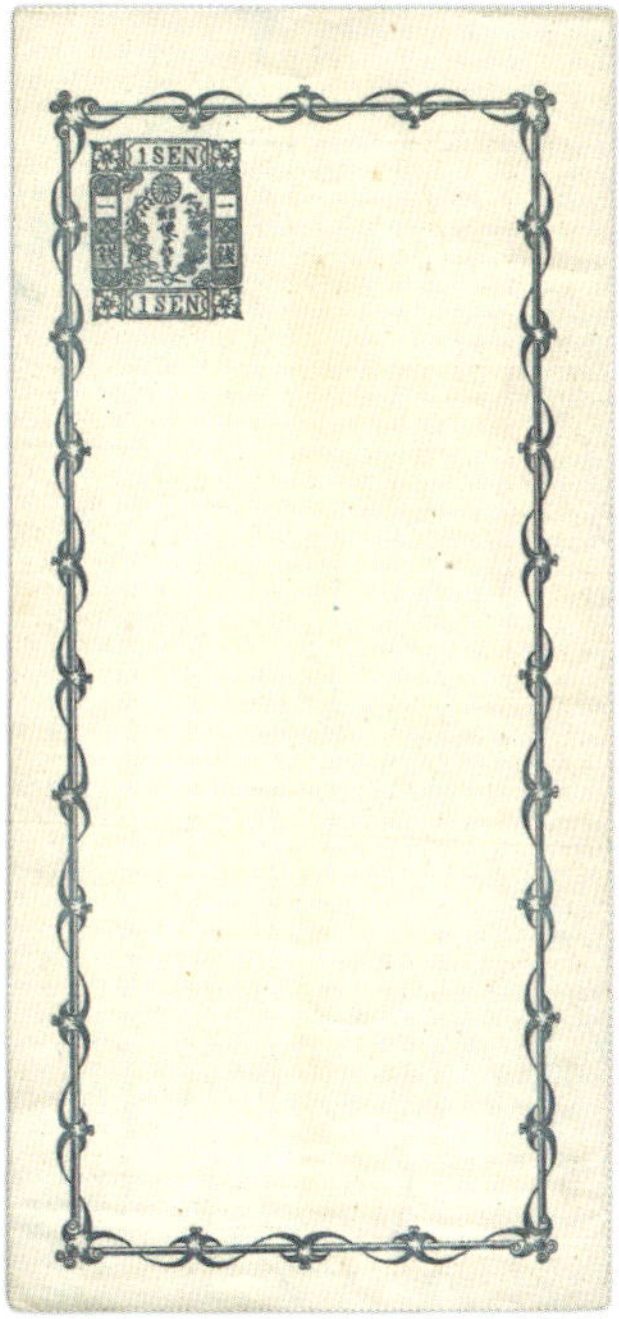

支給された脇なしはがき１銭

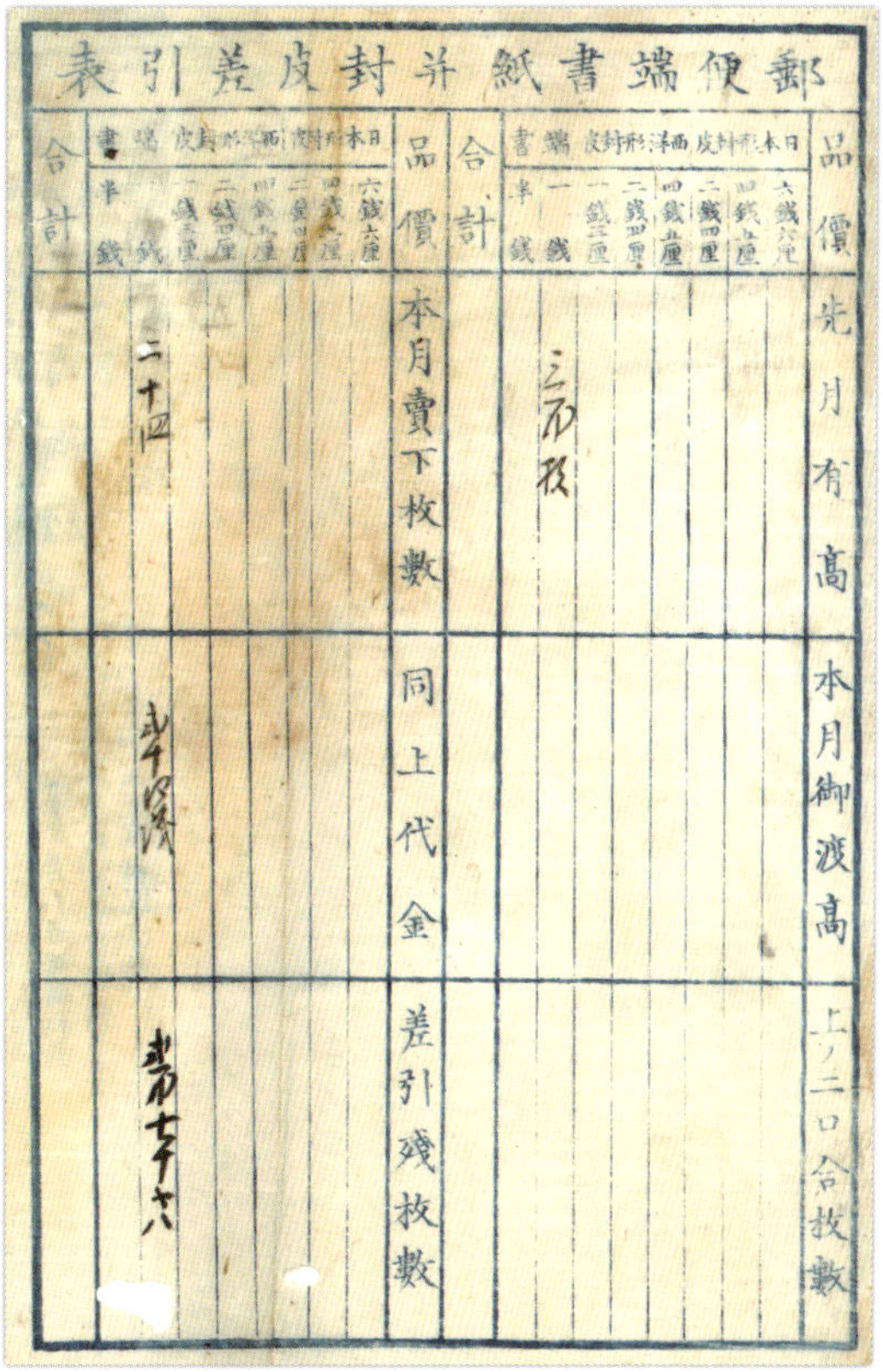

郵便端書紙并封皮差引表

品價 先月有高 三百枚
本月御渡高
上ノ二口合枚數
品價 本月賣下枚數 二十四
同上代金 弐十四銭
差引殘枚數 弐百七十六
合計

明治7年12月には初めてはがきの支給があり、12月ひと月で、支給の1銭はがき300枚のうち24枚が売り捌かれている。

## 開局時の支給切手

半銭200枚　1銭400枚　4銭400枚　11月に2銭切手100枚を追加支給　12月に1銭はがき300枚を追加支給

| | 明治７年　海ノ口局・切手売上 | | | | | 郵便配達数 | | | 郵便差出数 | |
|---|---|---|---|---|---|---|---|---|---|---|
| | 半銭切手 | １銭切手 | ２銭切手 | ４銭切手 | １銭はがき | 市内 | 市外 | 市内別便 | 上り | 下り |
| ４月 | | 10 枚 | | | | | ２通 | | | |
| ５月 | 20 枚 | 49 枚 | | | | ２通 | ８通 | | ５通 | |
| ６月 | ５枚 | 62 枚 | | | | ２通 | ８通 | ５通 | ５通 | |
| ７月 | １枚 | 27 枚 | | | | ３通 | ５通 | | ３通 | ７通 |
| ８月 | １枚 | 51 枚 | | １枚 | | ６通 | ７通 | | １通 | 12 通 |
| ９月 | 19 枚 | 23 枚 | | １枚 | | ５通 | ５通 | | ４通 | ６通 |
| 10 月 | ８枚 | 31 枚 | | ３枚 | | ４通 | ５通 | | ３通 | 10 通 |
| 11 月 | ９枚 | 34 枚 | 12 枚 | | | １通 | ４通 | | ６通 | ５通 |
| 12 月 | 10 枚 | ４枚 | 12 枚 | | 24 枚 | ３通 | ５通 | | ２通 | ５通 |
| 年間総計 | 73 枚 | 291 枚 | 24 枚 | ５枚 | 24 枚 | 26 通 | 49 通 | ５通 | 29 通 | 45 通 |

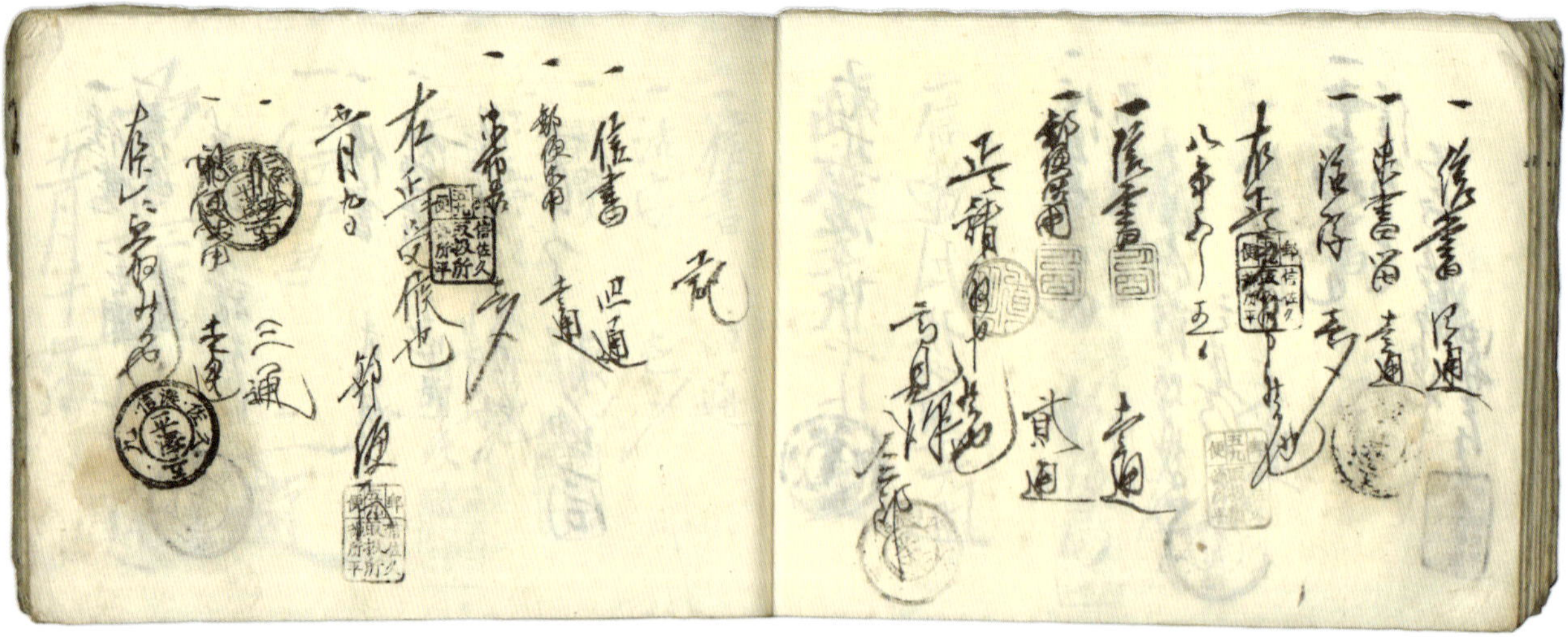

郵便信書送受帳の記載面から。御所平局と平澤局の不統一印、記番印、二重丸型印が押印されている。記録は明治8年1月～9年9月まで。

# 郵便信書送受帳

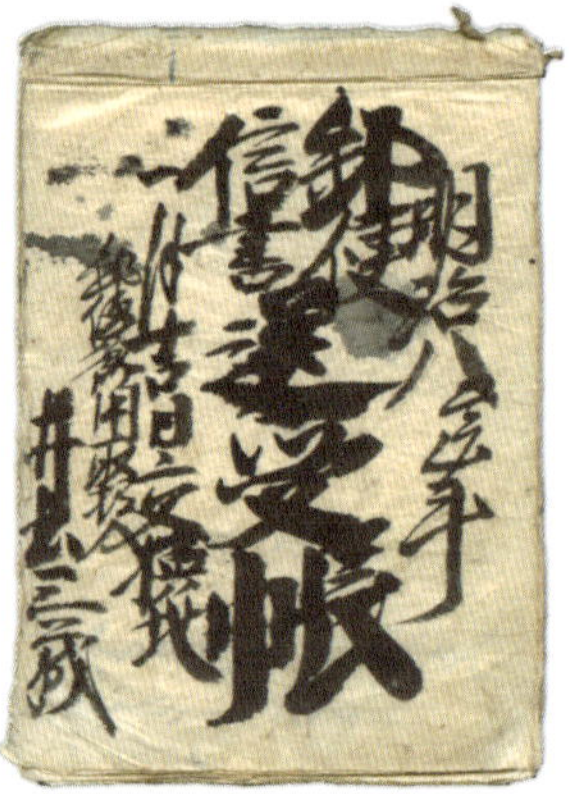

郵便信書送受帳・表紙

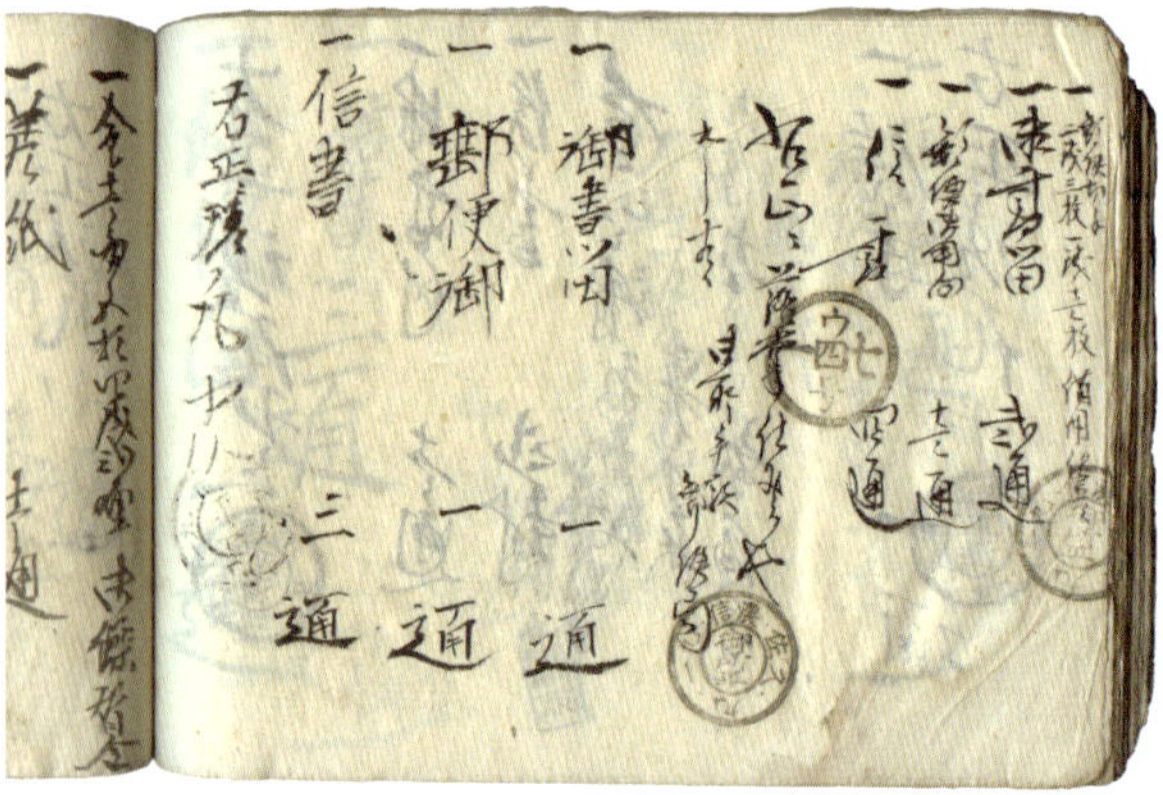

この郵便信書送受帳は非常に興味深い資料である。それは各所に押されている受取印である。郵便印であることが確実な二重丸型印押しの例もあれば、記番印押しの例もある。さらに既に不統一印として認められている印押しのものもある。それ以外に、一見不統一印に見えるような未発表の印や、俗にいう局長印のような印も複数ある。

これは未発表なのかも知れないと専門家に見ていただいたところ、その可能性はあるが、やはり不統一印として認定するには、郵便物に押されているものが見つかる必要があるとのこと。

逆に言えば、郵便物上に押された正体不明の印が、この送受帳に押された印と比べることにより同定されることもあり得る。その意味では消印の辞書のような役割を果たす可能性もある。

## 平澤局の印影

「信州佐久郡 平沢村
郵便取扱所」
明治8年1月5日初出

二重丸型印ＫＧ型
明治8年9月4日初出

「信佐久 平澤駅 郵便局」
明治9年4月16日初出

## 御所平局の印影

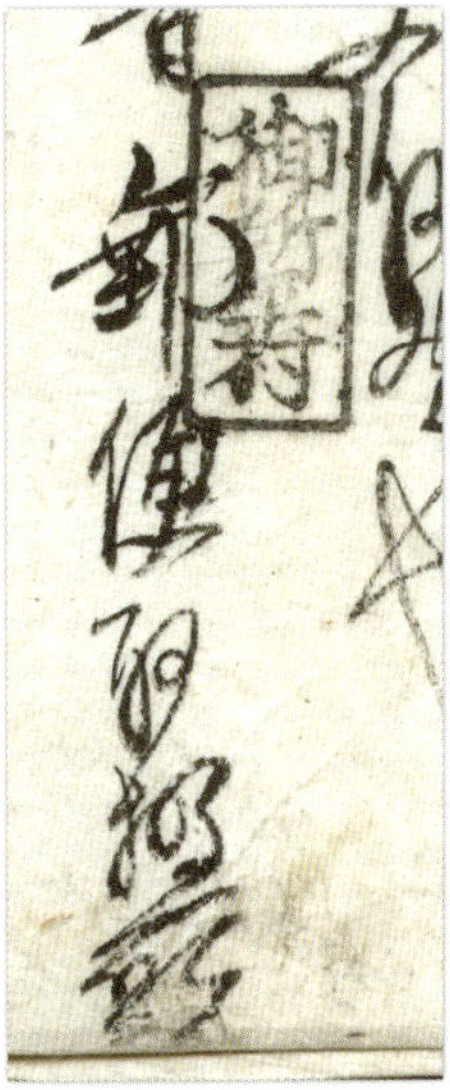

「御所平村」
明治8年4月5日に送受帳初出

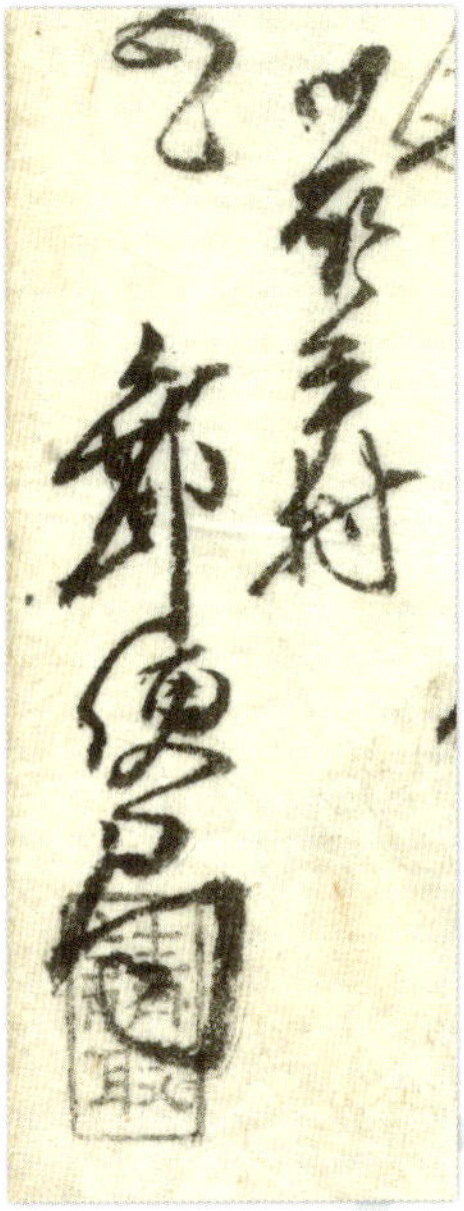

「請取」 明治8年3月10日初出

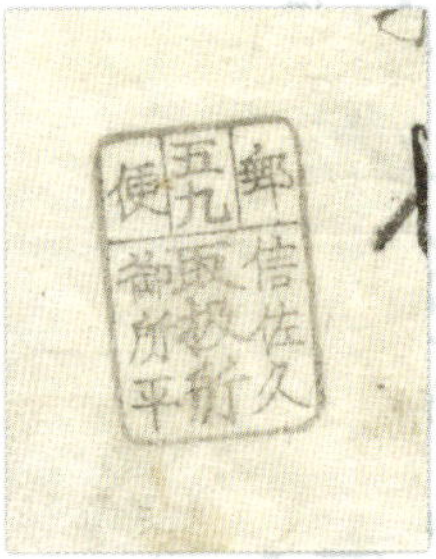

「郵便 五九 信佐久
御所平 取扱所」
明治8年2月5日 初出

記番印「ウ一四七号」
明治8年9月15日初出

二重丸型印ＫＧ型
明治8年4月15日初出

## その他の印影

「長野県下 第三大区 貳小区印」
明治8年2月5日初出

＊原寸大

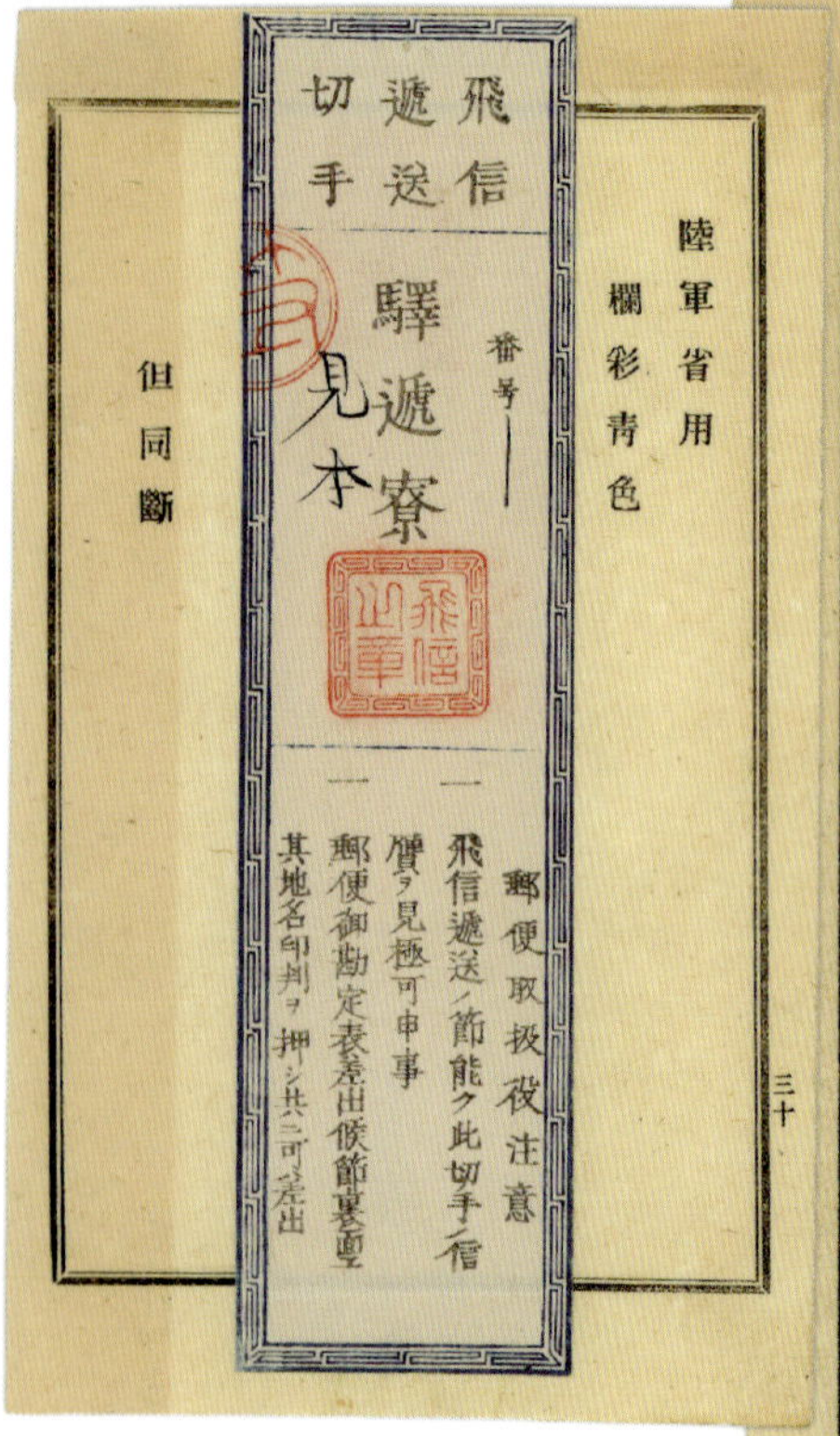


飛信逓送切手　青（陸軍省用）
「見本」入り　木版
明治7年（1874）2月22日発行

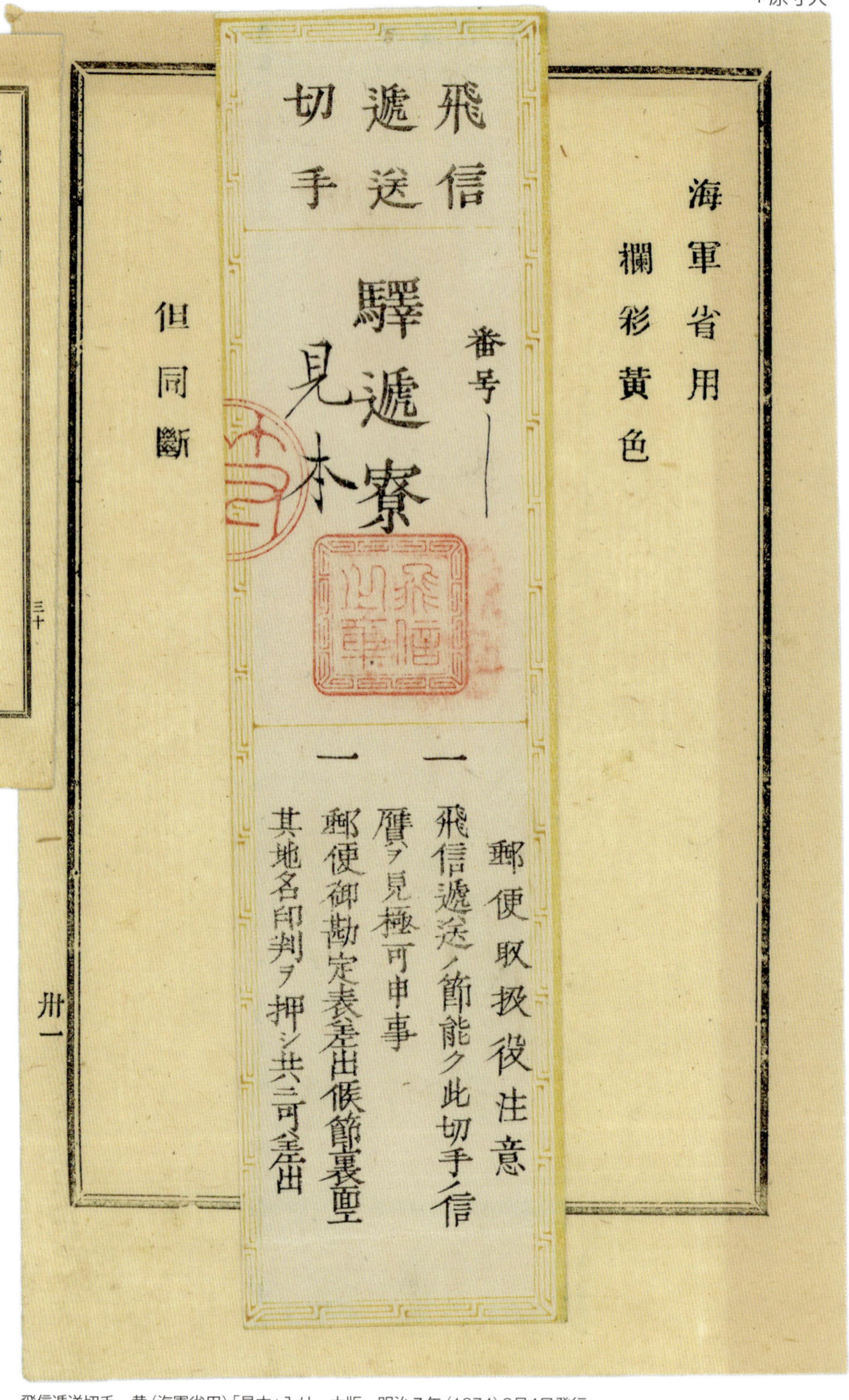


飛信逓送切手　黄（海軍省用）「見本」入り　木版　明治７年（1874）9月4日発行

# 飛信逓送制度

ここに示されている明治7年9月の配布の飛信逓送規則の綴りには、明治7年2月と3月に公布された「陸軍省及

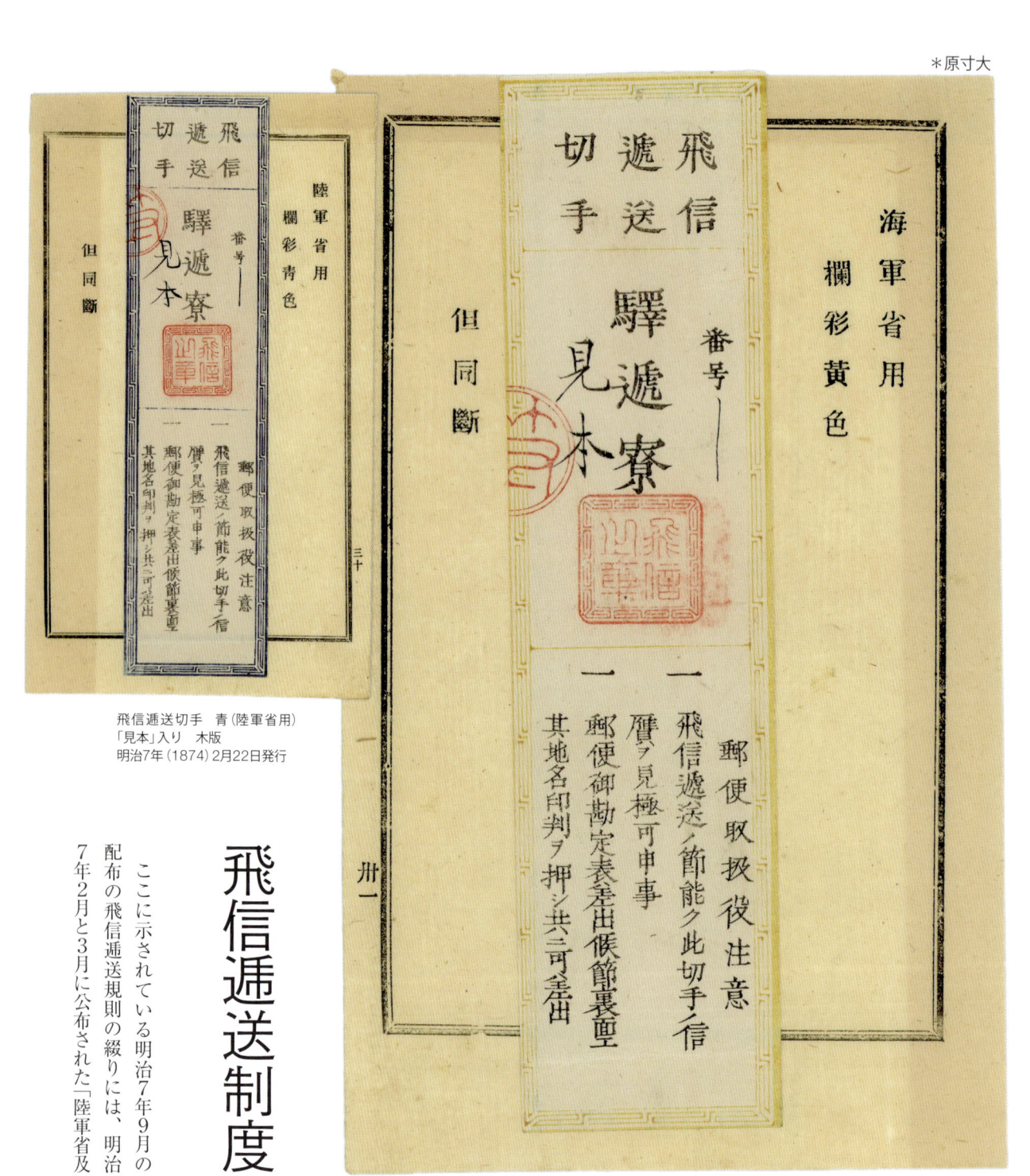

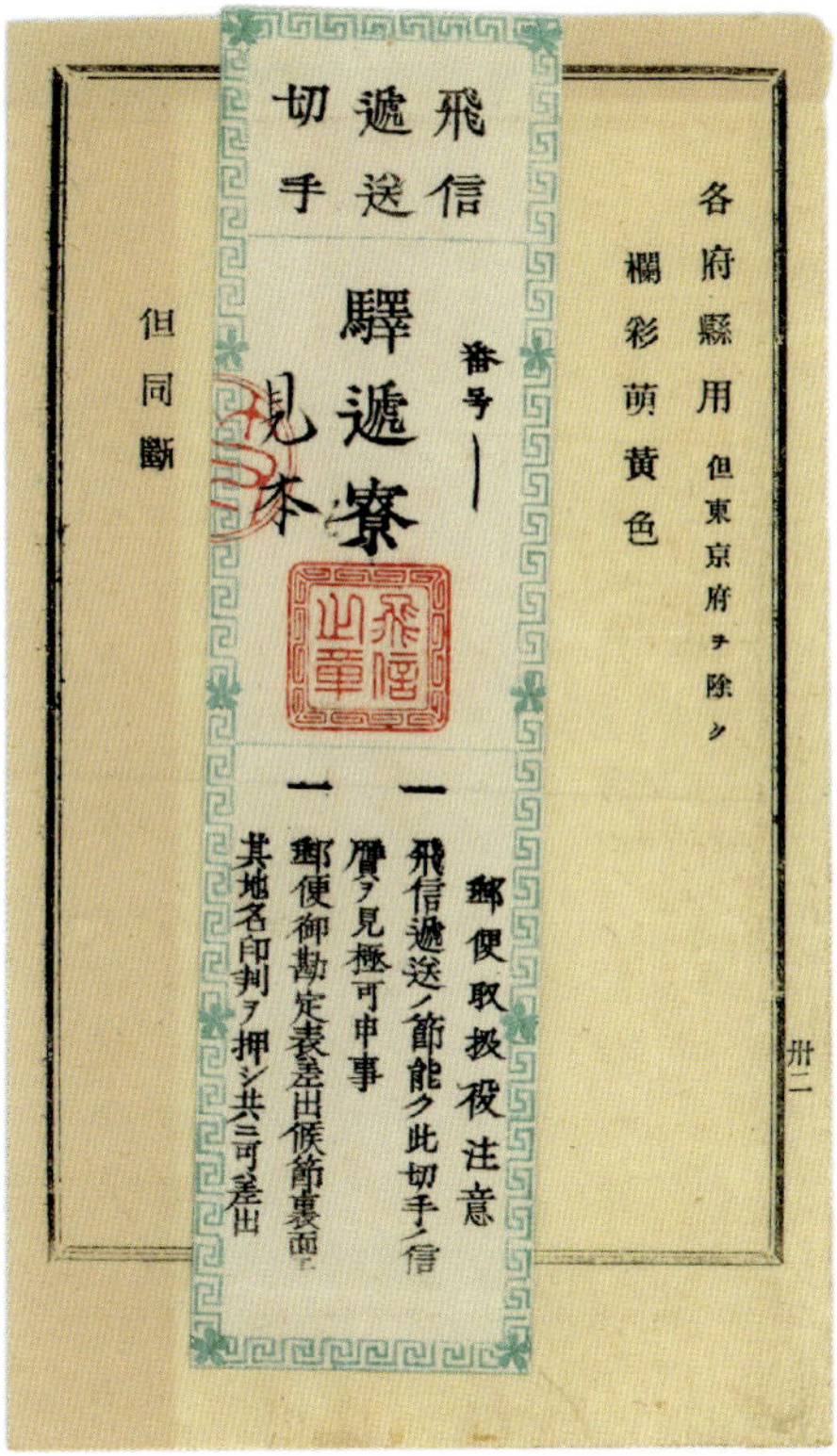


飛信逓送切手　緑（府県庁用）
「見本」入り　木版
明治7年（1874）9月4日発行

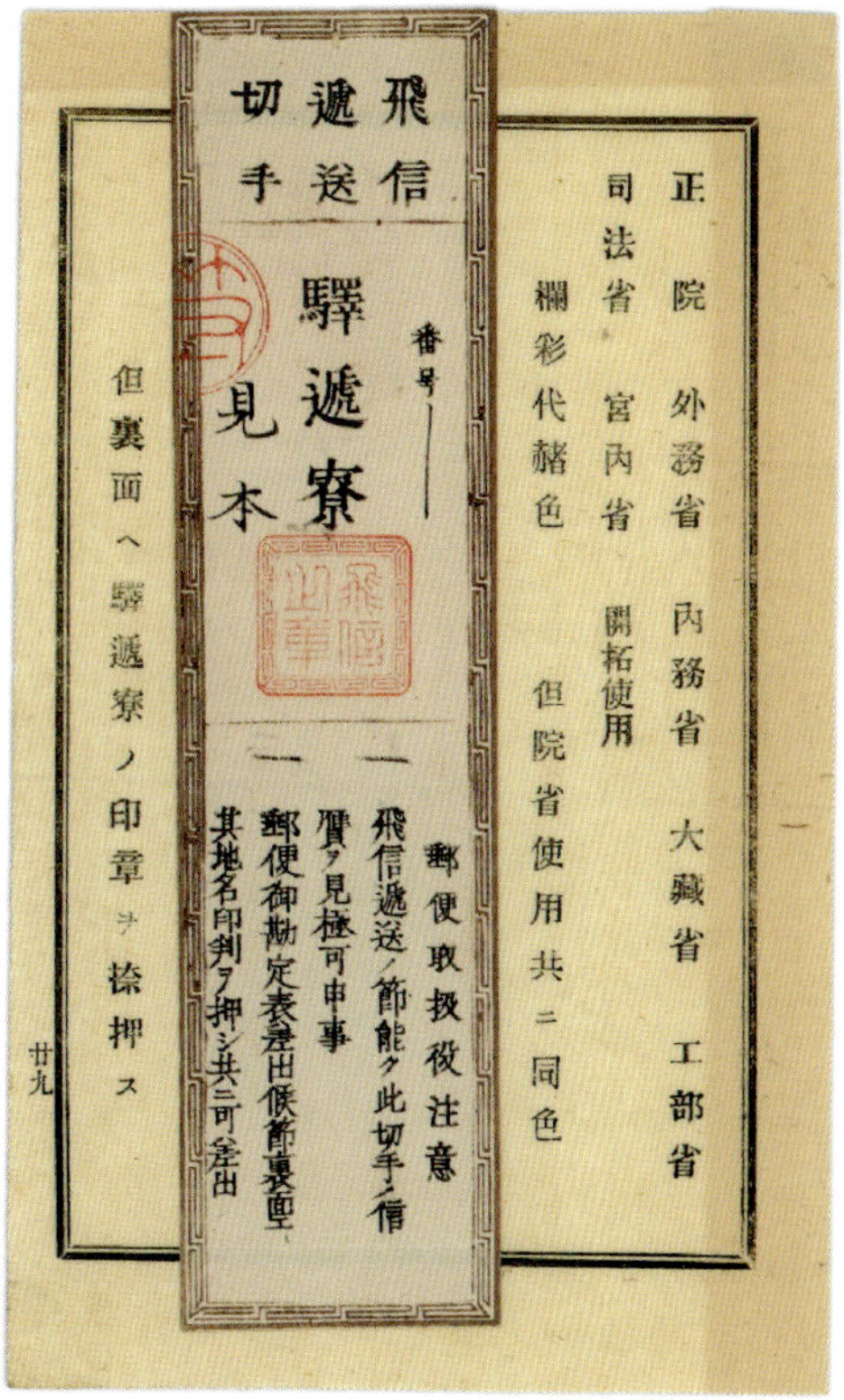


飛信逓送切手　茶（各中央庁・開拓史用）
「見本」入り　木版
明治7年（1874）9月4日発行

各鎮台等より飛信逓送方の心得」も一緒につづられている。飛信逓送制度というのは、左に提示した逓送規則書にあるように、非常至急の信報を送るための制度である。最も利用されたのが西南戦争の時である。電信網が発達するにつれて利用する必要性が低くなったが、制度上は大正6年4月まで存続した。海ノ口郵便局にも開局時点または直後に送付されたのであろう。

一般販売されたものではないが、局内保存されていたと考えられる「見本」を中心に、マーケットでは目にする機会がある。

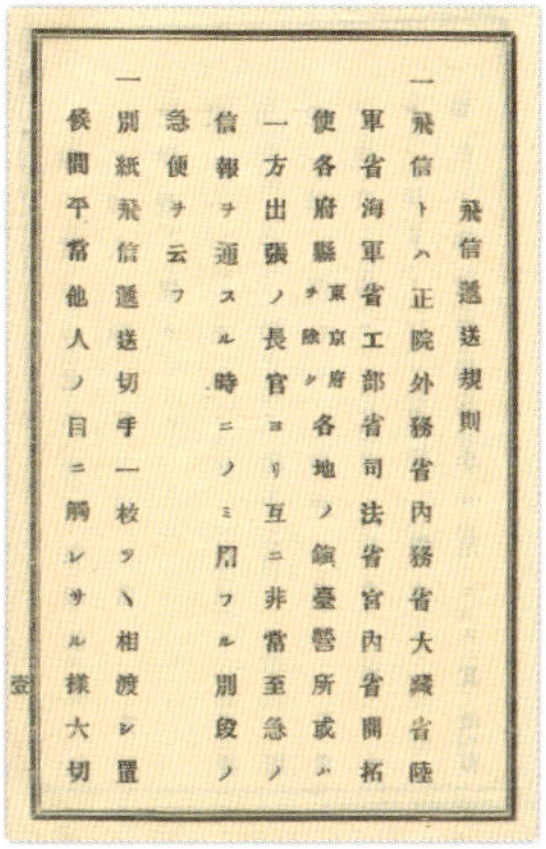
飛信逓送規則

一 飛信トハ正院外務省内務省大藏省陸軍省海軍省工部省司法省宮内省開拓使各府縣（東京府ヲ除ク）各地ノ鎮臺營所或ハ一方出張ノ長官ヨリ互ニ非常至急ノ信報ヲ通スル時ニノミ用フル別段ノ急便ヲ云フ

一 別紙飛信逓送切手一枚ツヽ相渡シ置候間平常他人ノ目ニ觸レサル樣大切

壹

**飛信逓送規則書より、飛信逓送の定義部分**
飛信とは、正院、外務省、内務省、大蔵省、陸軍省、海軍省、工部省、司法省、宮内省、開拓使、各府県（東京府を除く）、各地の鎮台営所、或は一方出張の長官より、互に非常至急の信報を通する時にのみ用ふる別段の急便を云う

# 明治の郵便局の備品から

井出家には、明治時代の4基の郵便ポスト（郵便掛箱《かけばこ》）が残されている。経年変化により塗装は剥げ落ちているものの、形状から第一号は草色ペンキ塗掛箱（明治9年～）、第二～四号は春慶《しゅんけい》塗掛箱（明治21年～）と思われる。

郵便ポストは鉄製の時代になると、郵政から交付されたが、木製の時代には各局に指示書を送り、制作費を支給し、地元の大工に作らせたたと推定される。

一方、局名提灯は非常に大きなもので、逓送にではなく、局に掲げられていたものであろう。海ノ口郵便局付近では日没が早く、夕方に提灯を灯し、提灯の点いているうちは、郵便取扱を受け入れていたと思われる。

時計は各地の郵便局に配備されたもので、「郵便局の八角時計」と呼ばれ、人々が見物に訪れたという。海ノ口局の時計裏面には明治39年3月16日着の記載が見られる。

※参考資料：郵政博物館ホームページ「博物館ノート」

## 郵便掛箱

**草色ペンキ塗掛箱（第一号）**
高さ58.8cm、幅32.7cm、奥行き23.8cm
郵便掛箱は、第一号から第四号へと代替わりしている。また、草色ペンキ塗掛箱の回収口は左側面に、春慶塗掛箱の回収口は右側面に取り付けられている。

## 八角時計

26.3cm四方
表示盤に「逓信省」の文字入り。

## 局名提灯

側面には「〒」マーク。

高さ67cm、直径37cm
正面に「海ノ口郵便局」の文字。

**春慶塗掛箱（第四号）**
高さ56.9cm、幅36.5cm、奥行き23.4cm
投函口の文字は不明。正面中央に「〒」の装飾がある。

**春慶塗掛箱（第三号）**
高さ57.0cm、幅36.8cm、奥行き23.5cm
投函口は「郵便」と記され、正面中央に「〒」の装飾が施されている。

**春慶塗掛箱（第二号）**
高さ54.7cm、幅32.4cm、奥行き23.3cm
投函口には「差入口」と記された鋳物が使われている。

〒マークの装飾

# 第三章
# 二代郵便局長 井出善平の時代

二代郵便局長・井出善平は
明治15年に海ノ口郵便局を引き継ぐ。
善平の時代の史料には、郵便局の
日々の業務を垣間見させるものが多く残る。
日付印の検印、郵便ポストの取集、
そして雪深い山間地の業務の実際。

戦前の絵はがきより。海ノ口村全景の部分。集落は一部が山腹の斜面に位置している。時期的には三代局長・正水の時代と思われる。本書巻末で全景を掲載。

# 山間地の郵便

海ノ口局配備の
雪支印とその印影

日本の大半は山間地であるから、ほぼ日本全国に当てはまることであるが、山間部では雪が降り、川があるところでは増水する。この自然現象または災害が郵趣的には興味深い表示印を生み出した。それが「雪支《ゆきつかえ》」印と「川支《かわつかえ》延着」印（35頁）である。当ページの封筒上の「雪支」印は、ここに示した現存の海ノ口郵便局のものではないことは明らかである。しかし、封筒上の印が現存印以前に、またはこの印以外に、別の印としてあった可能性は否定できない。

海ノ口郵便局に「川支」印があったかどうかは不明であるが、郵便箱開函証印記（35頁）に「川支」の記録はあるので、存在した可能性はあるだろう。

**雪支のエンタイア**

明治31年1月21日 岩代・福島 → 1月26日 海ノ口
「雪支」印が押印されている。

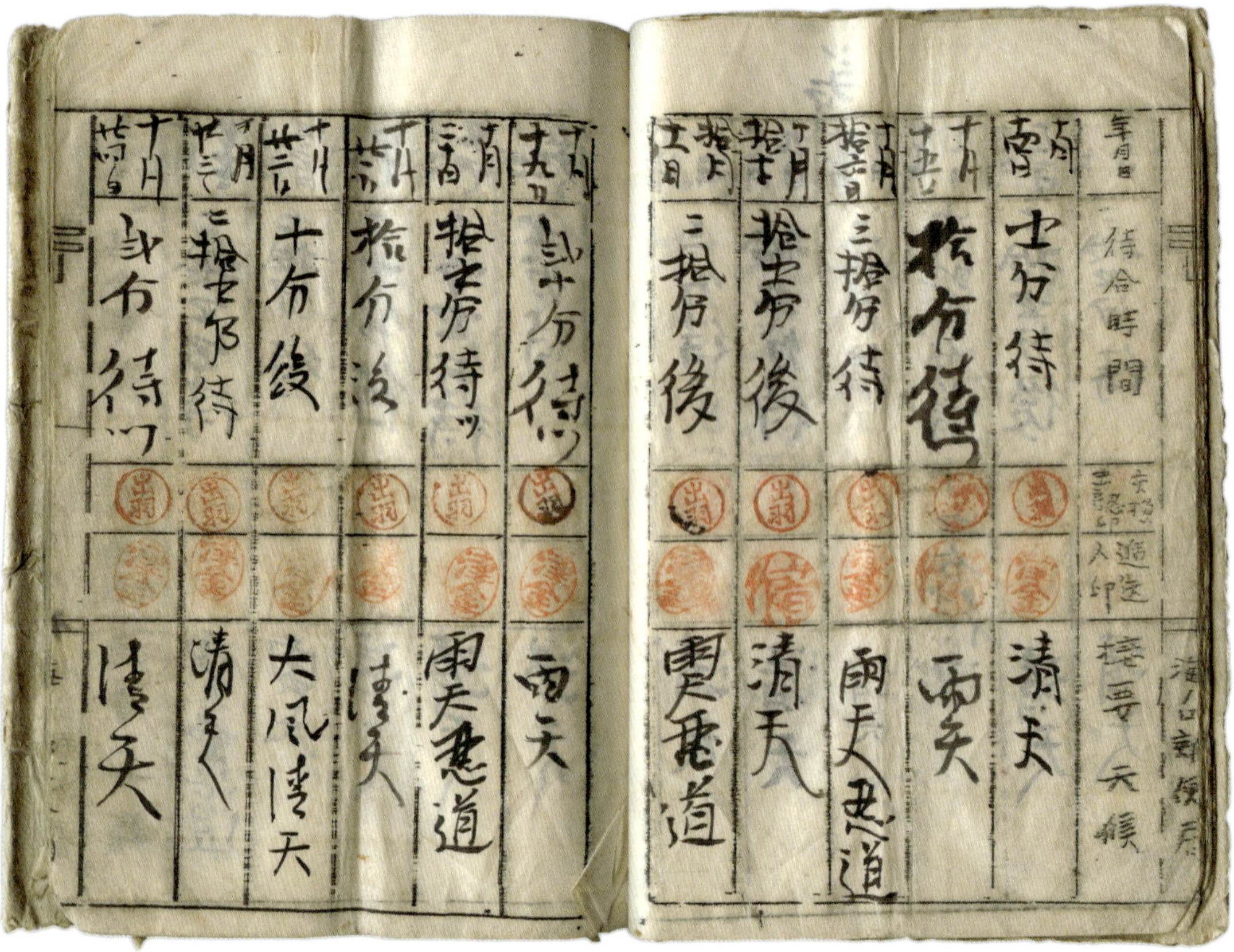

「国界橋交換所郵便待合日記」。明治20年6月29日～明治21年5月8日までの、海ノ口局と山梨・若神子局間の郵便物の交換日誌。ほぼ毎日の郵便物交換の記録が記されている。

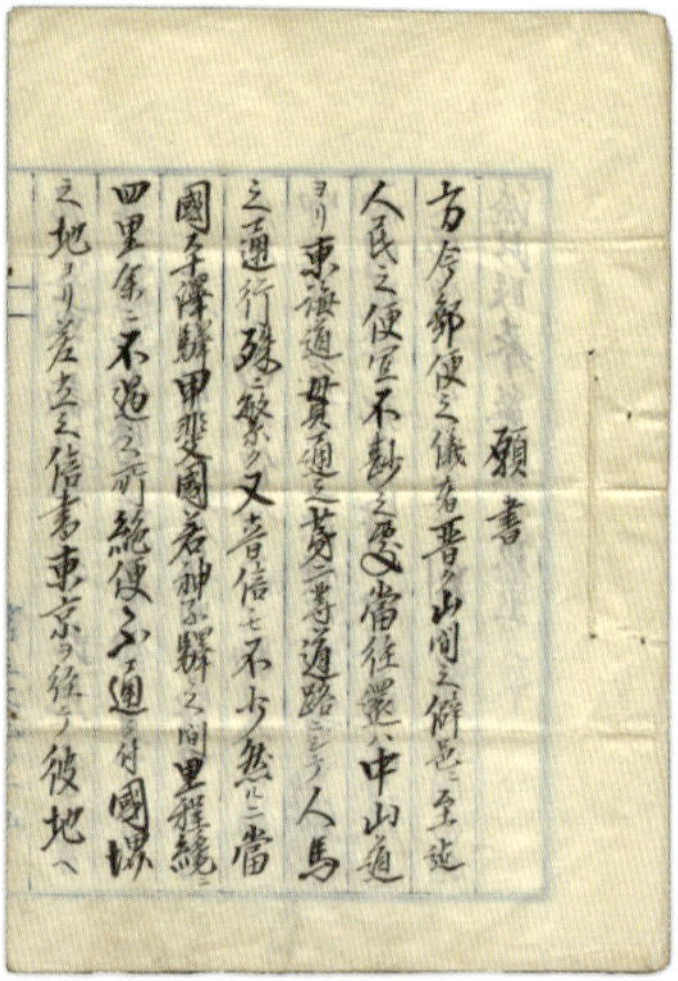

明治8年（1875）4月10日付、駅逓寮への請願書。海ノ口局と山梨・若神子局間に逓送専任の脚夫を往復させたい旨を願い出たもの。

## 逓送人による郵便物の交換

前頁でも述べたように、「雪支」の印や「川支」の印が用意されているということは、そのような郵便逓送を妨げる自然現象が頻繁にあったことを示している。そのことを裏付ける資料として、上掲の「国界橋《こっかいばし》交換所郵便待合日記」は非常に貴重である。右側ではほぼ半分が雨天であり、さらに半分が雨天悪道とある。左側では雪支が目立つ。このような悪天候の中でも郵便を逓送していた当時の逓送人の苦労がしのばれる。

もちろん収集家からすれば、このような局内保存資料は「雪支」・「川支」の

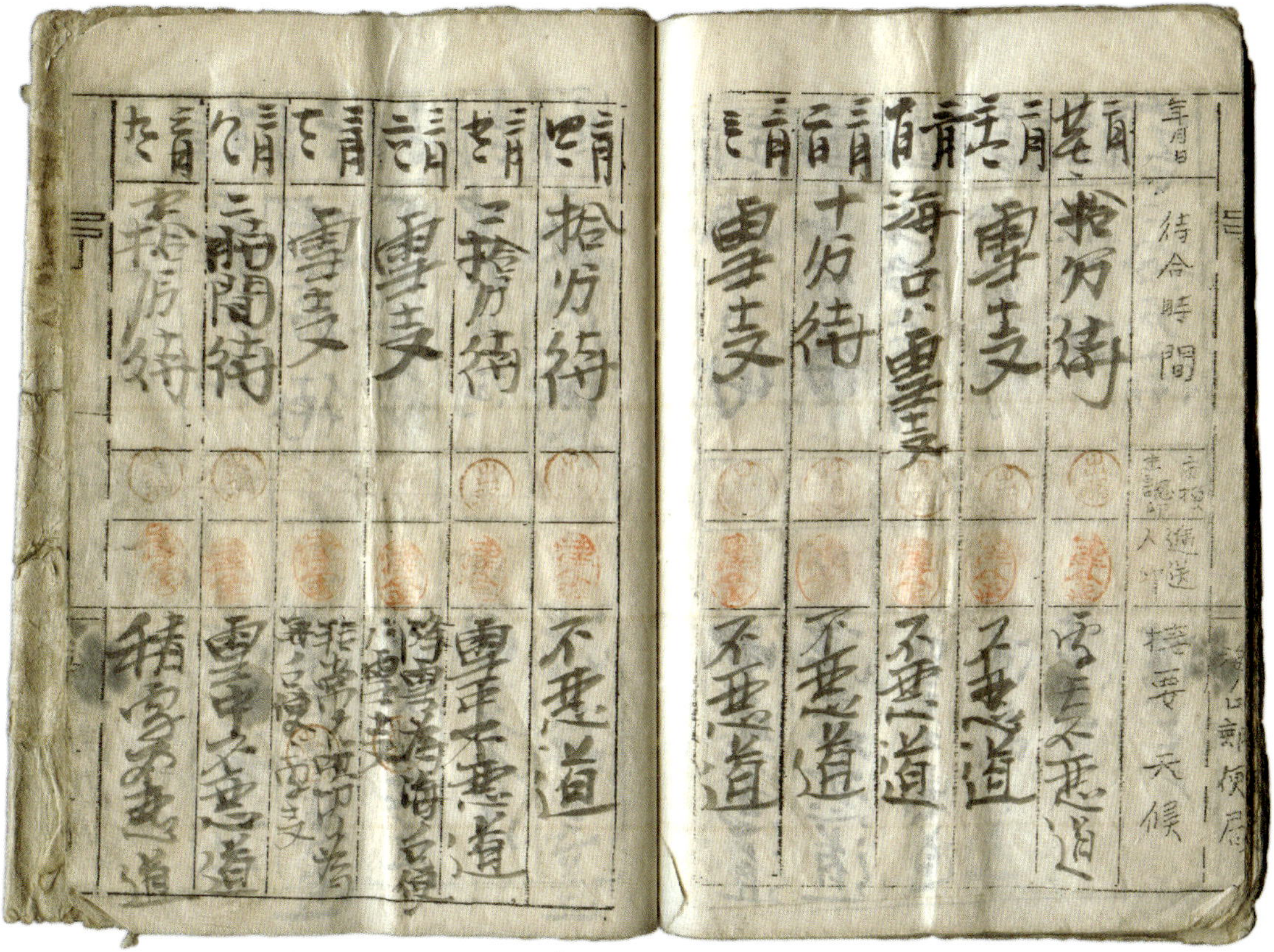

冬場は「雪支」の文字が目に付き、「降雪ノ為海ノ口便ハ雪支」の記述も。

表示のある郵便物を集める際の貴重なカタログになるはずであるが、従前ほとんどその価値が注目されていなかったのではなかろうか。今後このような資料の価値を見直す必要があるだろう。

長野県と山梨県の県境近く、国界橋付近の民家で郵便物の交換が行われた。

# 日付印の検印

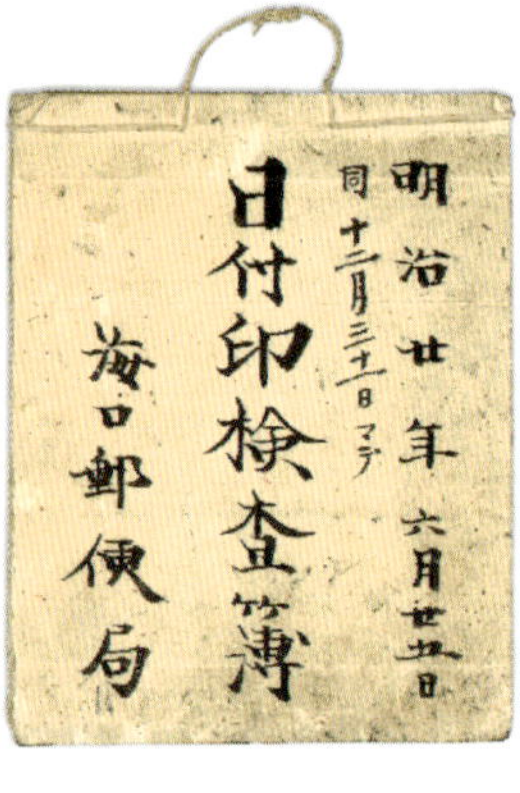


**日付印検査簿**
明治20年6月25日～明治21年12月31日まで、ほぼ毎日欠かさず検印が行われている。

日付印検査簿は、消印の日付などを入れ替えた時に日付などが正しいものであるか、そしてそれが正しい位置に挿入されているか、などを検査するために検印して確認するものである。もし間違いがあればもう一度入れなおして検印する。左に2例の訂正例を示したが、現実的にはそれでもなお郵便物上に「間違えた」消印が押されることもあり、ヒューマンエラーは何時でも起こりうることを示している。

この資料は研究者から見れば、消印の使用状況や変遷などを調べるときに最も有用な資料である。本例のように、ちょうど二重丸型日付印から丸一型日付印への切り替わり時期のものは特に資料的価値が高い。現実的にはこの日付を以て日本全国で消印が切り替わる

明治21年8月31日までの二重丸型日付印が、9月1日に丸一型日付印に替わる。統一された国内用日付印の第1号から第2号への切り替えの瞬間。

ことになるはずだが、物には必ず例外があるもので、9月1日以後も旧態の二重丸型日付印を使用したと思われる例が複数見つかっている。海ノ口局では指示通りに9月1日から新しい消印を使用しているが、この機会に局名の「海野口」が「海ノ口」へと正しく変わっているのが興味深い。

また、34頁の資料の1月3日の「二便」の消印も見ていただきたい。一見すると「一便」にも見えるが、これはれっきとした「二便」の上の「一」が欠けたものだとわかる。これが確認できるのも検査簿のおかげである。

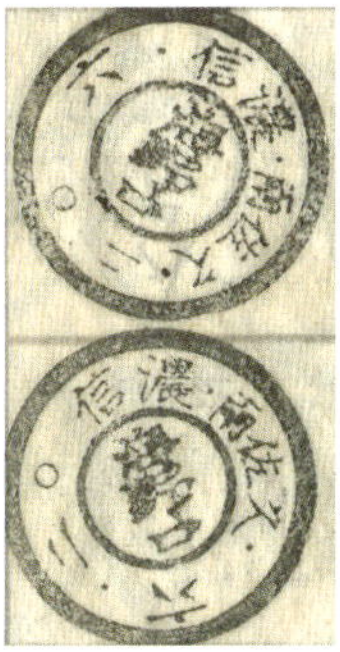

**植字の誤り**

明治21年6月20日は「六」と「二〇」の位置を間違えたため、6月29日は「二九」とすべきところを「一九」と植字したため、改めて植字し直し、検印を行っている。

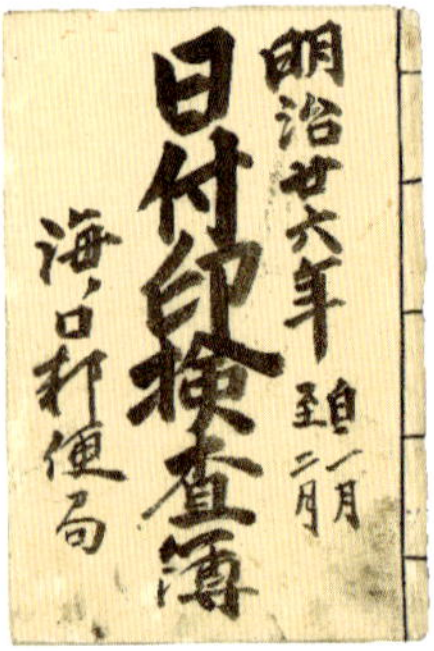


**日付印検査簿**

明治26年1月1日～3月5日までの日付印検査簿。丸一型印のイ便～二便まで、便ごとに検印が行われている。時期的には三代局長・正水の時代に当たる。

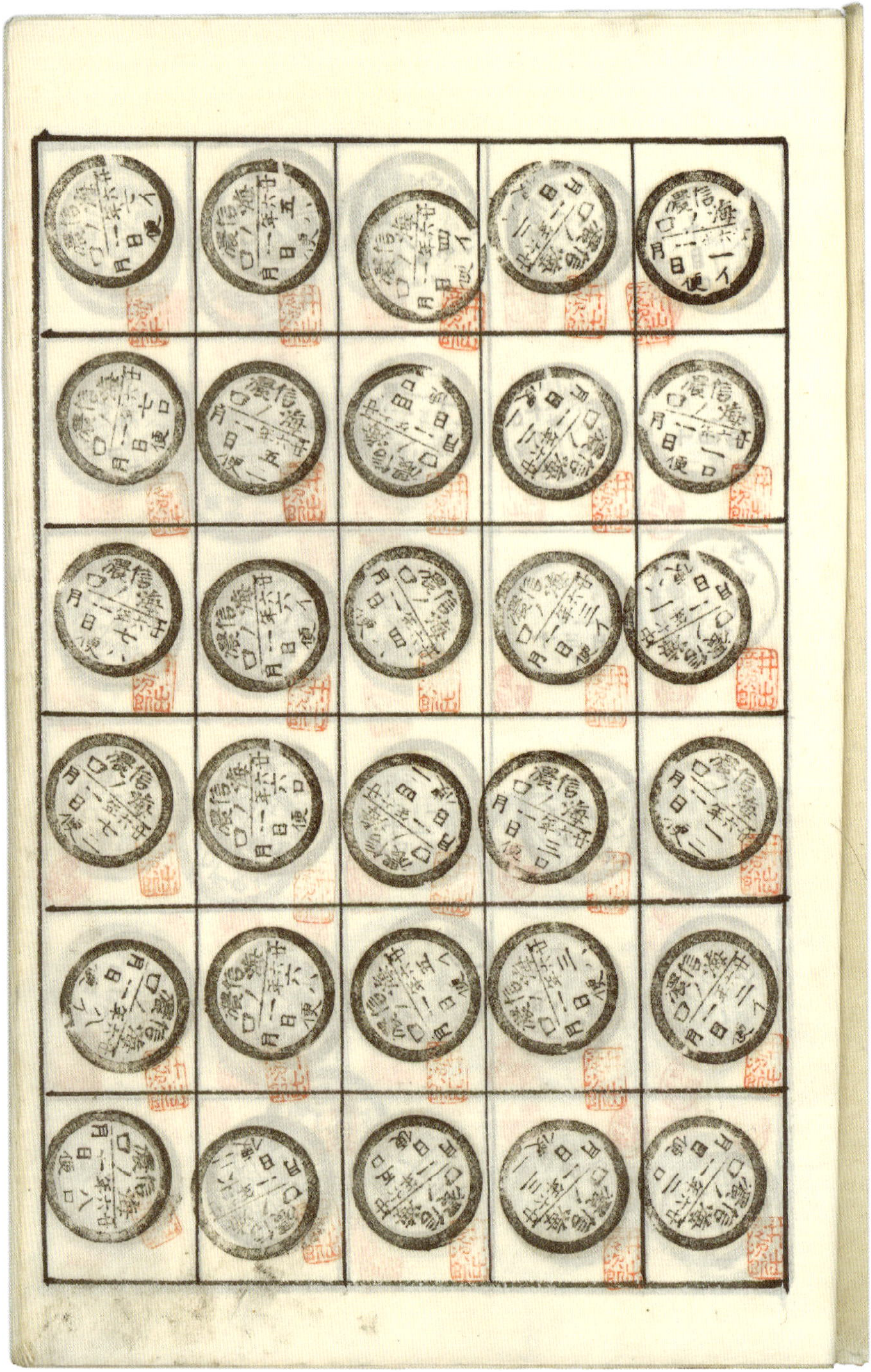

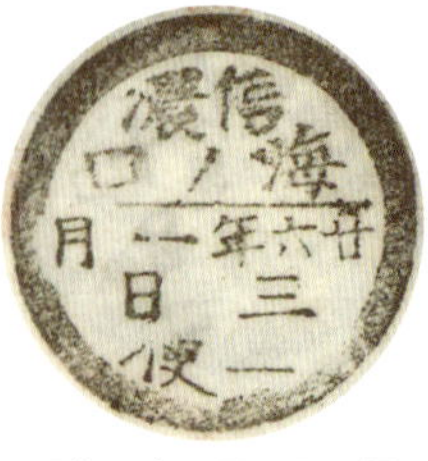


明治26年１月３日二便の検印。「一便」に見えるが、前後の検印から「二便」の上の「一」が欠けていることが分かる。

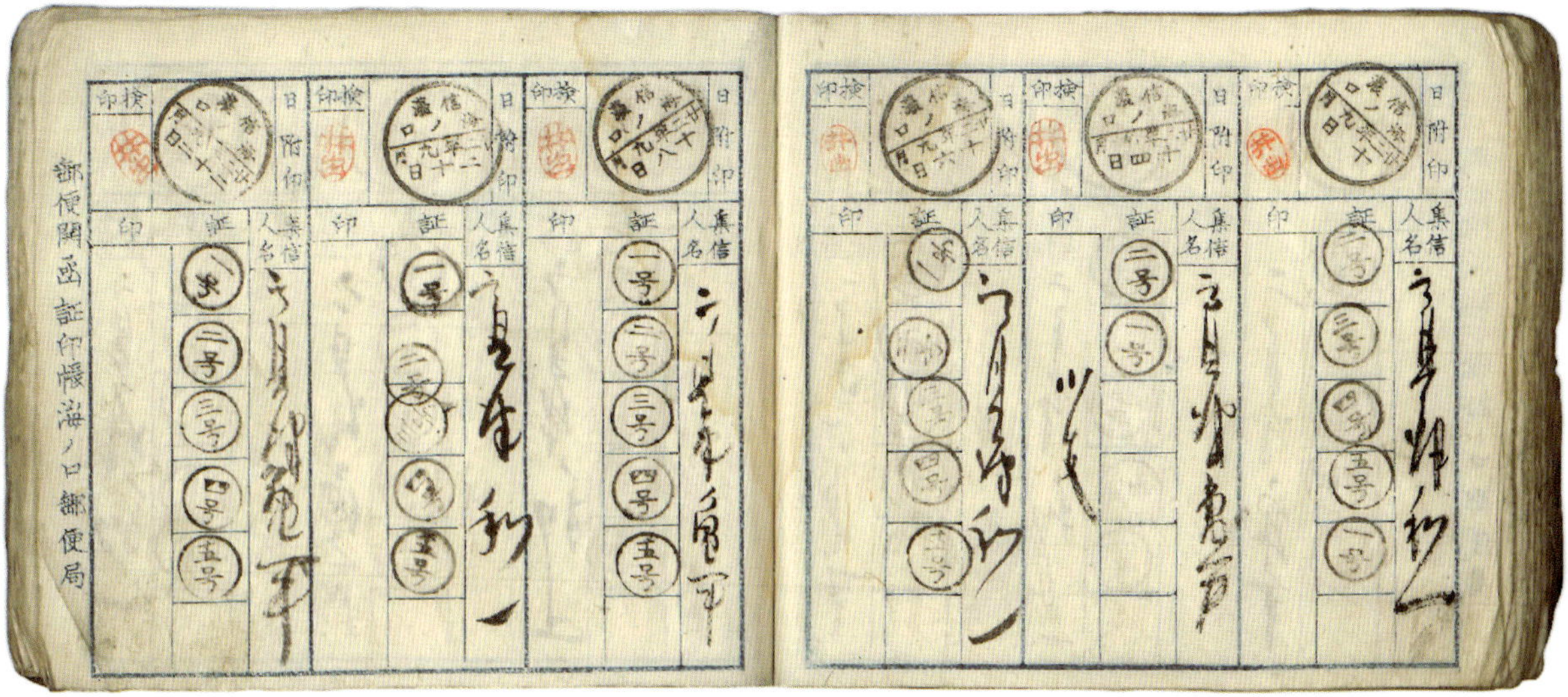


**郵便開函証印記**

明治22年の郵便ポスト取集の記録。ポストは一号〜五号まであり、それぞれの取集確認の印、集信人の署名、日付印（丸一型印）、検印の欄がある。取集はほぼ2日間隔。9月14日の項目では備考に「川支」と記されており、一号と二号ポストしか取集されていない。川支とは河川の氾濫などで通行不可となり、郵便物が逓送できないこと。

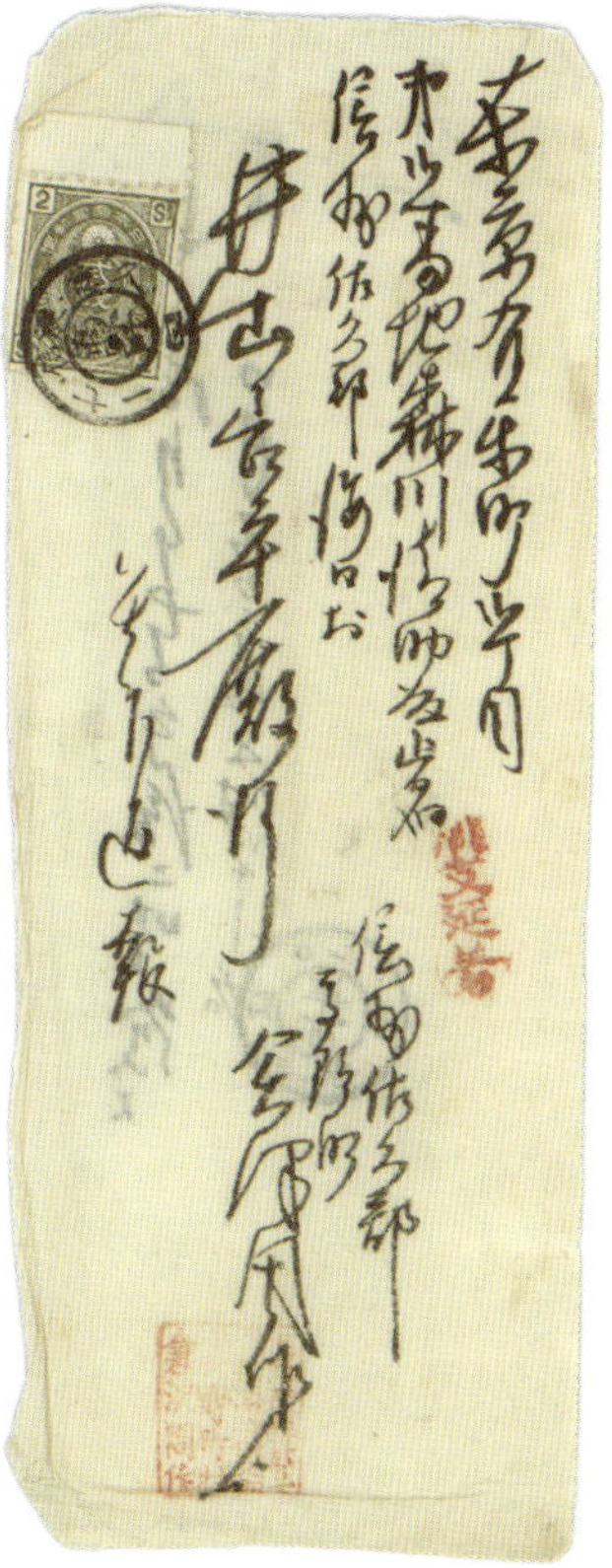

川支エンタイアの例。
「川支延着」を押印。
明治11年4月17日
高野町→4月20日 東京

# 郵便ポストの取集

郵便ポストの取集印は、郵便物上にも稀にみられる印である。郵便物だけから調べようとすると、いったいいくつの郵便ポストがあったのかはわからないが、このような証印帳が存在すると、そこから海ノ口郵便局管内には五つのポストがあったことが分かる。次の作業は、そのポストの位置の特定という仕事が地方郵便史の興味の一つである。

日付印を見ると2日に1回の取り集めとなっている。9月12日の取り集めがないのは、「川支」の影響だろうか。検印の「井出」の判子も9月10日のものと、それ以後のものでは異なっているのも興味深い。

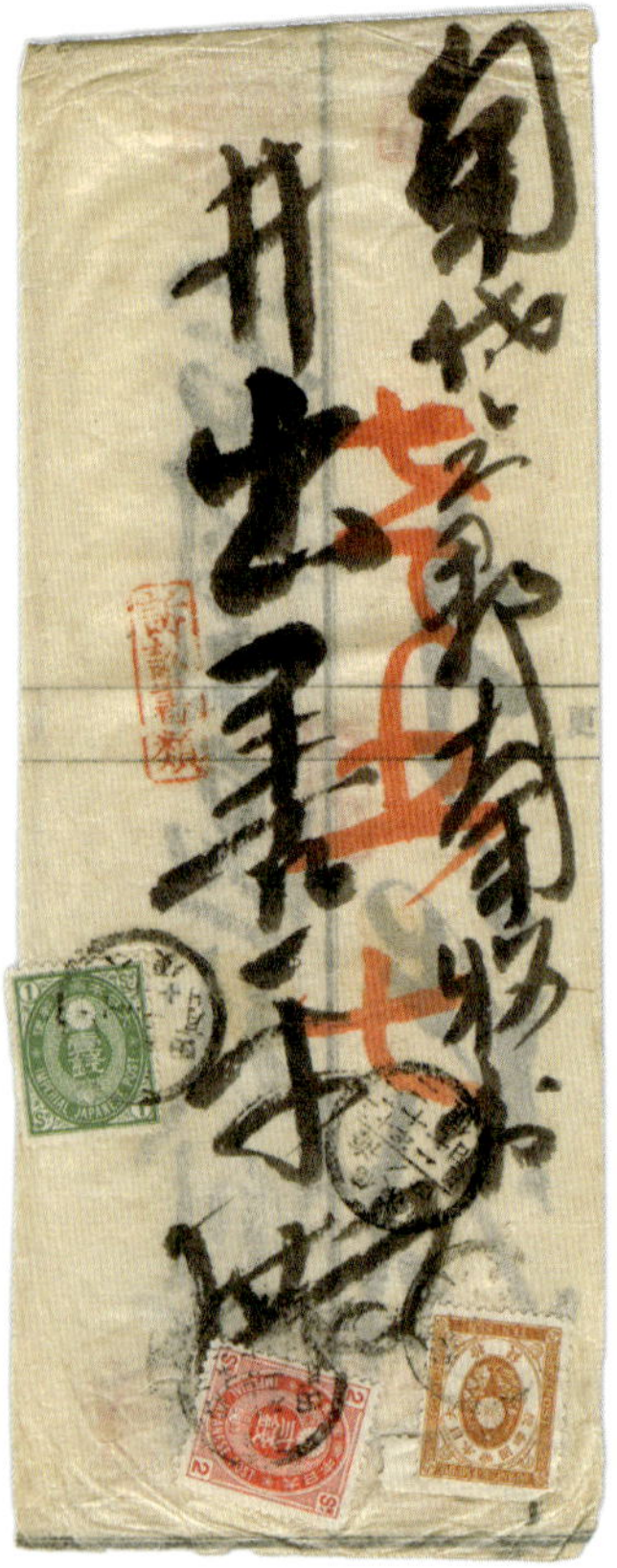

明治30年1月27日ハ便 岩村田 →
1月27日二便 海ノ口（岩村田区裁判所差出）

明治29年7月9日 岩村田 →
着印なし（岩村田区裁判所差出）

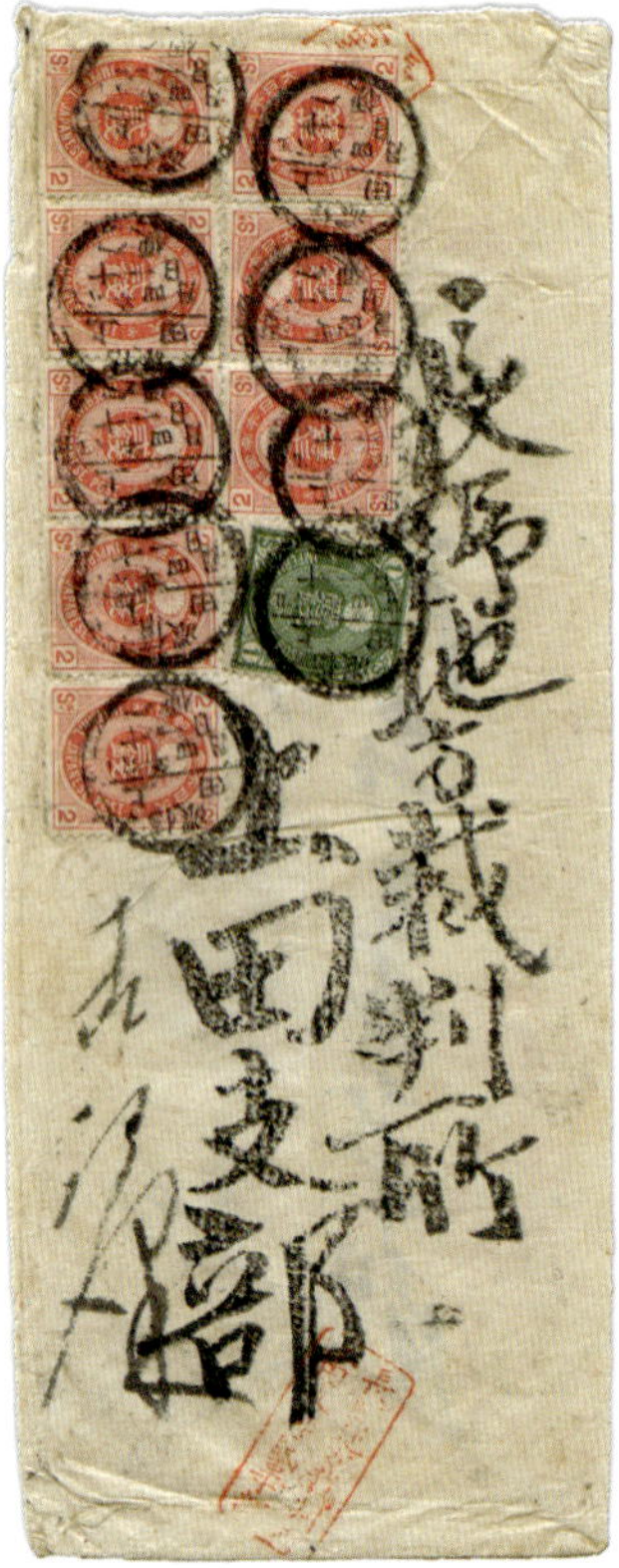

明治26年4月11日 上田 →
4月12日 海ノ口（長野地方裁判所上田支部差出）

# 訴訟書類の制度

訴訟書類制度は明治24年7月1日から開始された。裁判所から差し出す書類を郵便で差し出す時の制度で、その手数料は5銭である。この料金は長らく変更されず、昭和17年3月末までの約半世紀にも渡って続いた。

これらの郵便物を時系列に並べるだけでも、書留郵便物の変遷が見て取れる。右頁3例には書留番号票が貼られていないが、左頁3例には書留番号票が貼られている。これは明治31年7月16日から始められた制度であるが、書留郵便物の取扱の一つの大きな変更である。この他、明治32年4月1日から、第一種郵便料金が従前の2匁迄毎2銭が4匁迄毎に3銭と、基本重量と基本料金共に改正された。

さらに左頁の左端は、明治33年10月1日の郵便法施行により書留料金が従

明治34年6月20日 長野 →
6月21日 海ノ口（長野地方裁判所差出）

明治31年11月29日 岩村田 →
11月30日 海ノ口（岩村田区裁判所差出）

明治31年10月19日 岩村田 →
10月20日 海ノ口（岩村田区裁判所差出）

前の6銭から7銭に改正された時の使用例である。ここでは第1種料金4匁迄3銭＋書留料金7銭＋訴訟書類5銭の計15銭であるが、右頁の右側2例の郵便料金を見ると、合計15銭である。こちらの料金は第1種料金2匁毎2銭×2＋書留料金6銭＋訴訟書類5銭の計15銭である。どちらも合計金額は15銭で同一であるが、その内訳や取扱いの違いを比べると興味深い。

右頁の右2例の15銭の訴訟書類は、第一種料金が2銭から3銭へと改正され、書留料金が6銭から7銭へと改正されたにもかかわらず、仮に左頁左端と同時期に差し出された場合でも料金は15銭のままであった。それは重量の問題で、第一種郵便だけで見た場合、右頁の右2例の重量は2匁～4匁で基本料金の2倍になるので2銭×2倍の4銭であるが、これは明治32年4月1日以後ならば4匁以内の基本料金3銭となり、この時点で1銭の「値下げ」となっていたのである。ここに書留料金の値上げの1銭が加わるが、結果的に値下げと値上げが相殺されて15銭の同額になっている。

# 耕育園―カラマツ苗の通信販売

大正2年10月7日 朝鮮 羅南↓10月16日 海ノ口（林産物種子見本）

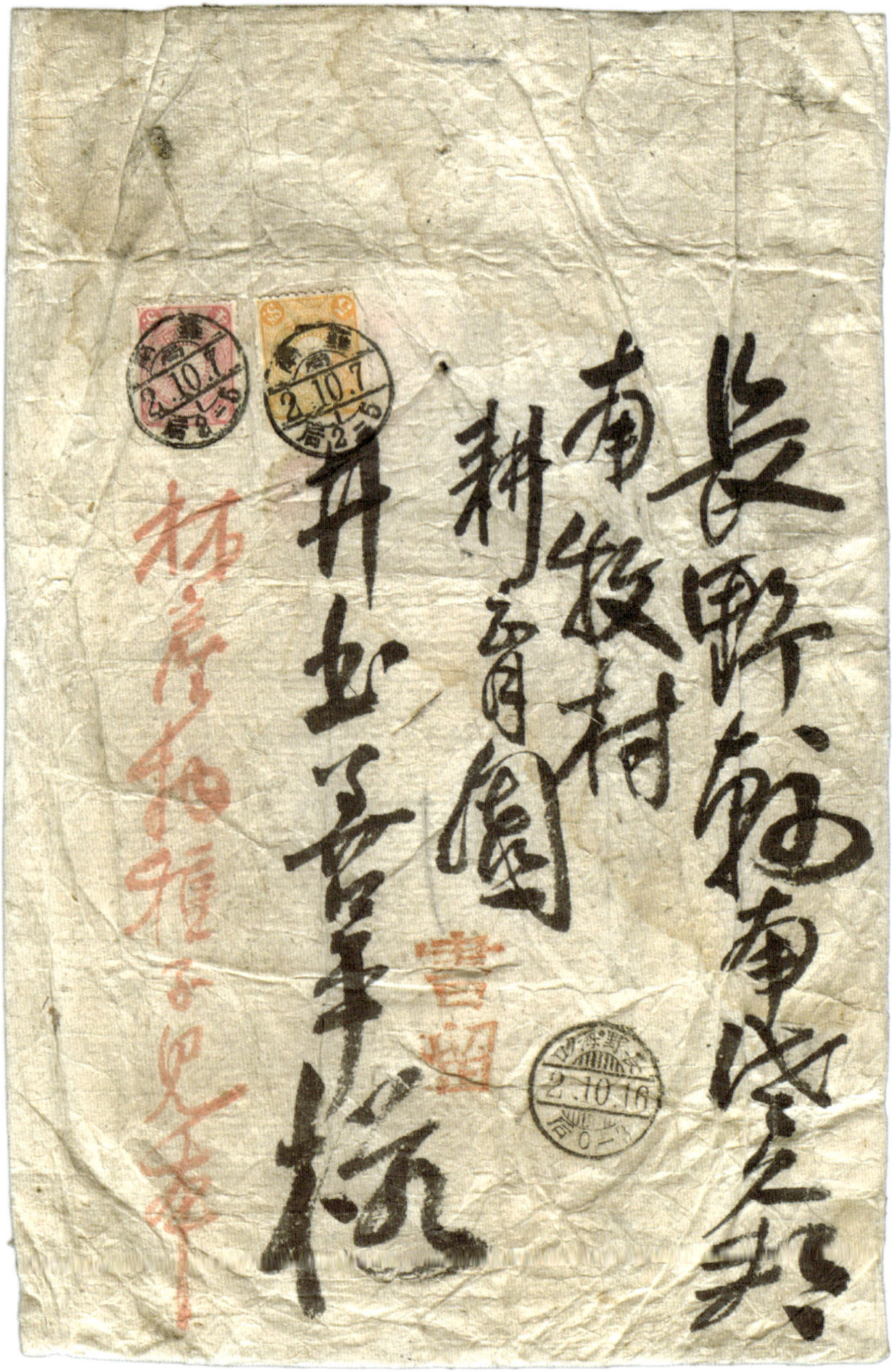

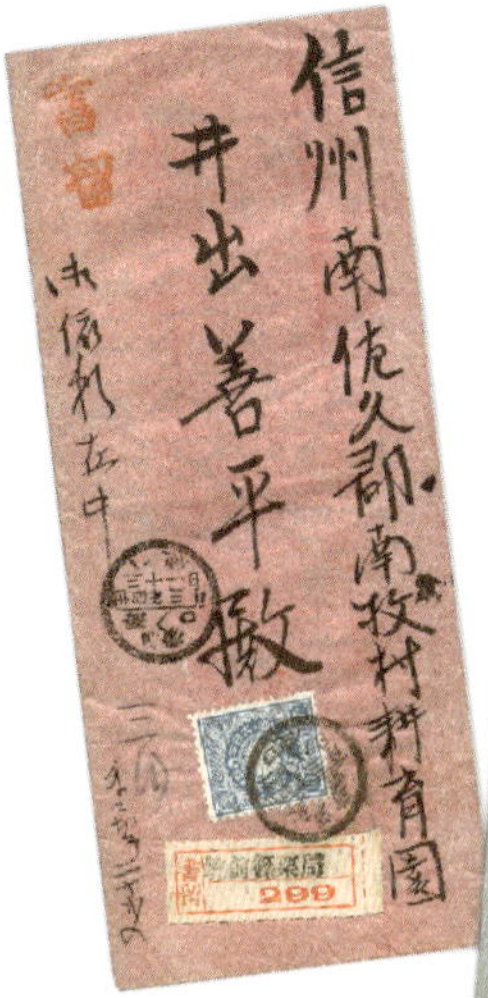

明治34年3月28日　筑前・篠栗 → 3月31日 海ノ口

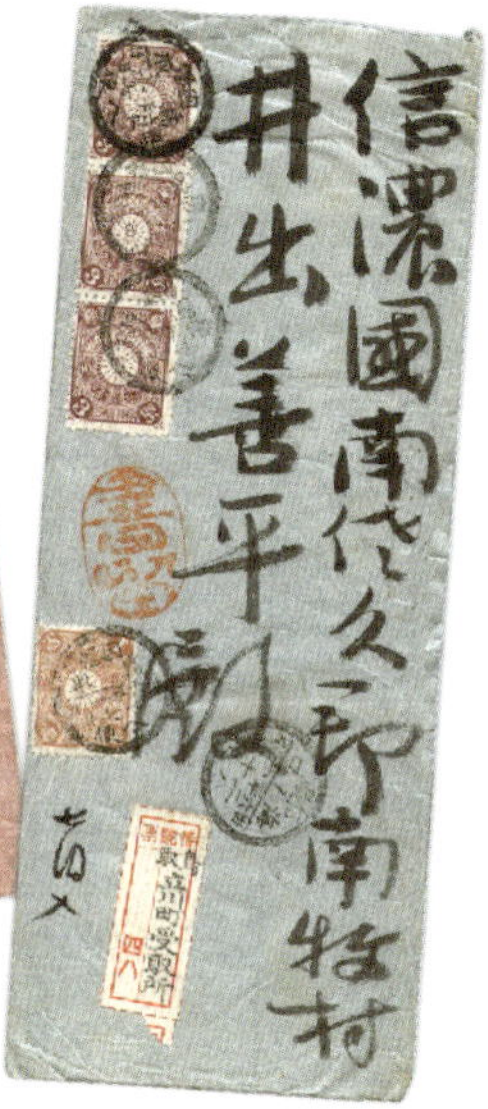

明治36年1月17日 因幡・鳥取 → 1月20日 海ノ口

明治35年12月15日 岩代・西本 → 12月18日 海ノ口

明治32年12月1日 羽後・船越 → 12月４日 海ノ口

明治32年11月24日 後志・歌破棄 → 11月28日 海ノ口

**全国から送られてきたカラマツ苗の代金支払い**

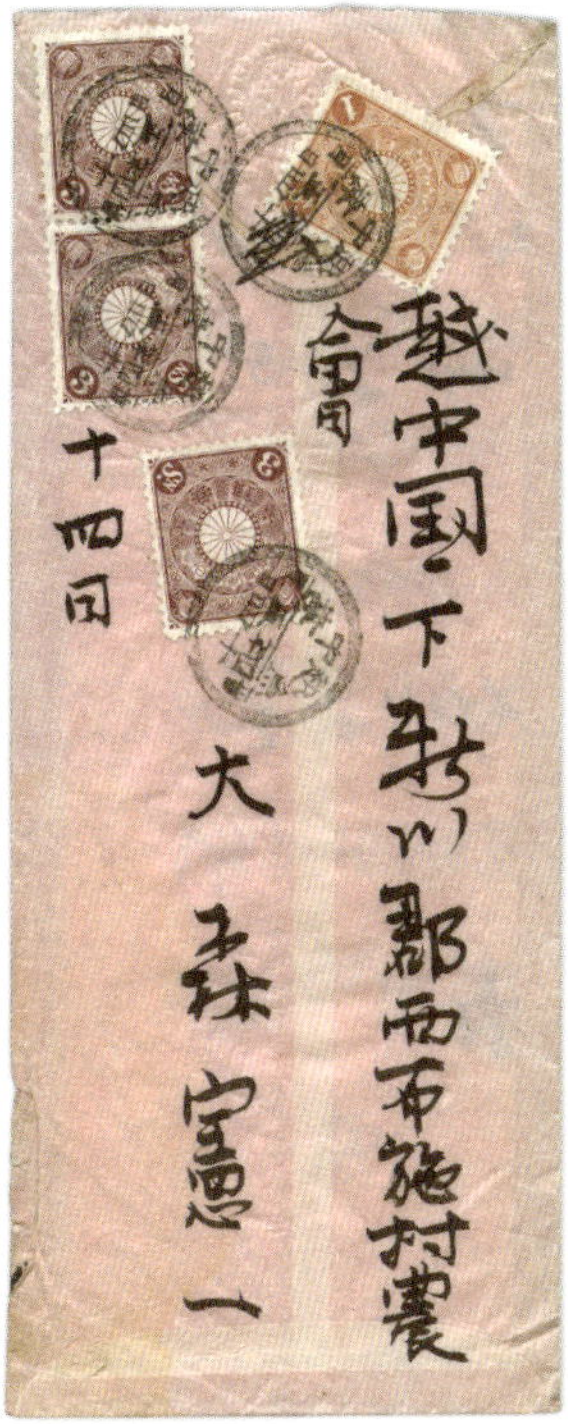

**価格表記郵便**

明治34年5月14日 中越・魚津 → 5月15日 信濃・中野（紛来「誤送」）→ 海ノ口（着印なし）
菊切手３銭3枚、1銭1枚貼、計10銭。

井出新九郎氏が述懐されているように、井出家にはカラマツ苗の注文が日本中からきていた（10頁）。逆に、右例は見本が送られてきた例である。

商取引の代金の支払い方は、一般的には為替を組んでそれを書留で郵送する。ところが明治33年10月から約1年だけは、10円以内ならば、為替を組んで書留で送る（為替料金6銭＋第一種書留10銭：16銭）よりも、価格表記郵便で現金を直接送れば（第一種3銭＋価格表記料7銭：10銭）、6銭も節約できたのである（左図）。

# 第四章 三代郵便局長 井出正水の時代

三代郵便局長・井出正水は明治25年に海ノ口郵便局を引き継ぐ。日本は激動の時代へと突き進んでゆき、海ノ口から出征した若者たちを支援した正水のもとには多くの軍事郵便が残された。また、当頁の写真のように、海ノ口局において電信業務が開始された。

電信創設用工事　明治43年11月3日撮影。
電信柱の木材は井出家の森林から伐採し、現場まで土曳きしている。
海ノ口郵便局の電信事務は明治43年12月1日に開始された。

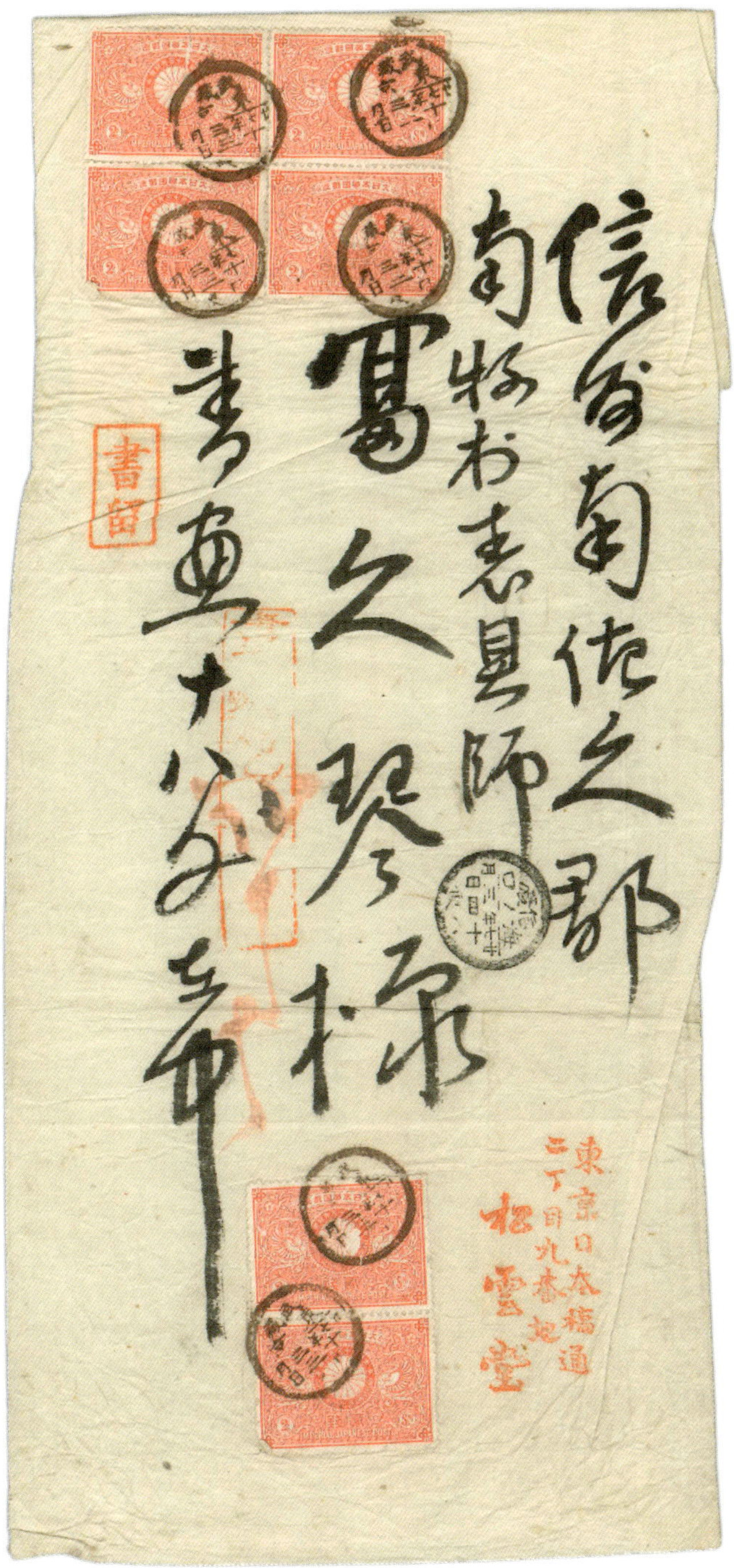


**明治天皇銀婚式記念切手のエンタイア**
明治27年3月13日 東京 → 3月14日 海ノ口
2銭切手6枚貼の初期使用例。5ヵ月後の同年7月25日には、日清戦争が勃発する。

# 激動の時代へ

明治27年になると、日本初の記念切手「明治天皇銀婚式記念」が発行される。この切手を6枚も貼った郵便物が異彩を放っている。そして発行後半年もたたないうちに日清戦争が始まる。ここからの50年は、日露戦争、第一次世界大戦、第二次世界大戦という戦争に加えて、北清事変、満州事変、北支事変（日支事変）という事変や、シベリア出兵、山東出兵などの出兵に明け暮れる日々が続くことになる。

次頁の陸軍恤兵部から村役場宛の郵便物は、新小判50銭切手を3枚も貼った1円74銭もの高額料金の郵便物で、重量は1キロを超える（約350匁）。差し出されたのは日清戦争の最中。そしてこの戦争に勝利した日本は、43頁下の20枚ブロックのような「日清戦争勝利記念」を発行する。

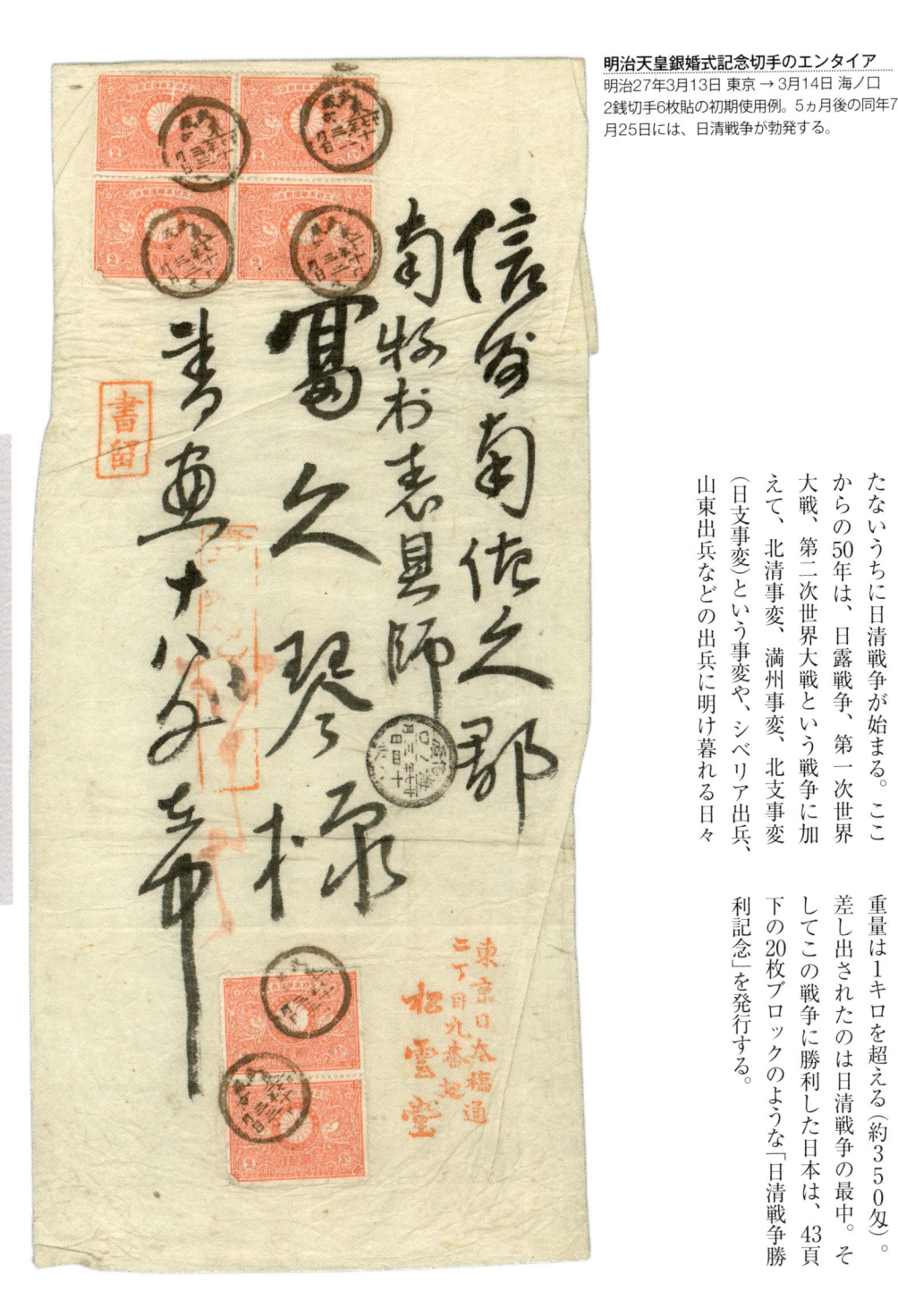

**陸軍恤兵部発**
**南牧村役場宛のエンタイア**
明治28年2月17日 海ノ口着印
新小判50銭3枚、20銭１枚、4銭1枚貼。

エンタイア裏面の「陸軍恤兵部」印

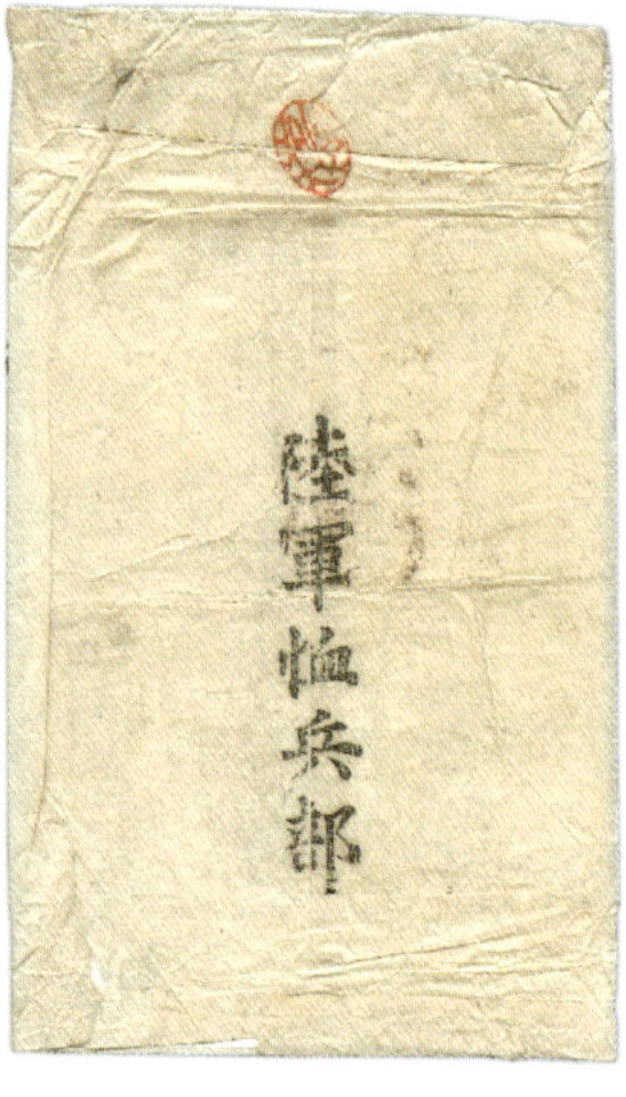

# 軍事郵便制度

軍事郵便制度は、明治27年6月、日清戦争の開始直前に実施された。以後、戦時はもちろんのこと、満州事変や北支事変などの事変時、出兵時にも実施されてゆく。

井出氏の述懐（12頁）で述べられた出征兵士への支援もあったため、井出家宛郵便物も残されているが、日露戦争の時期は差出・到着とも郵便量が著しく増加していたので、郵便業務も大変忙しかったことであろう。

**日清戦争の軍事郵便**

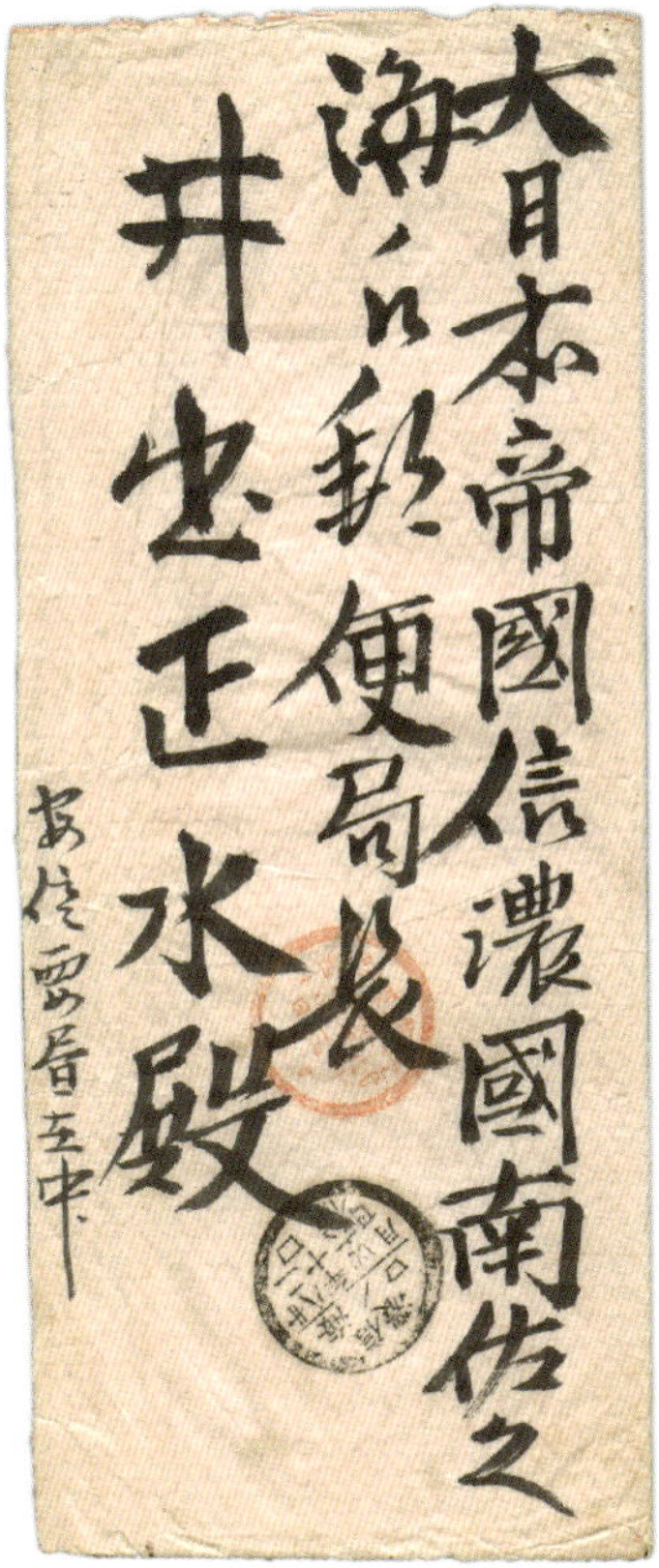


旅順の戦線から三代局長正水宛。
明治28年4月13日 野戦郵便局（局名不明）→ 4月26日 海ノ口

**日露戦争の軍事郵便**

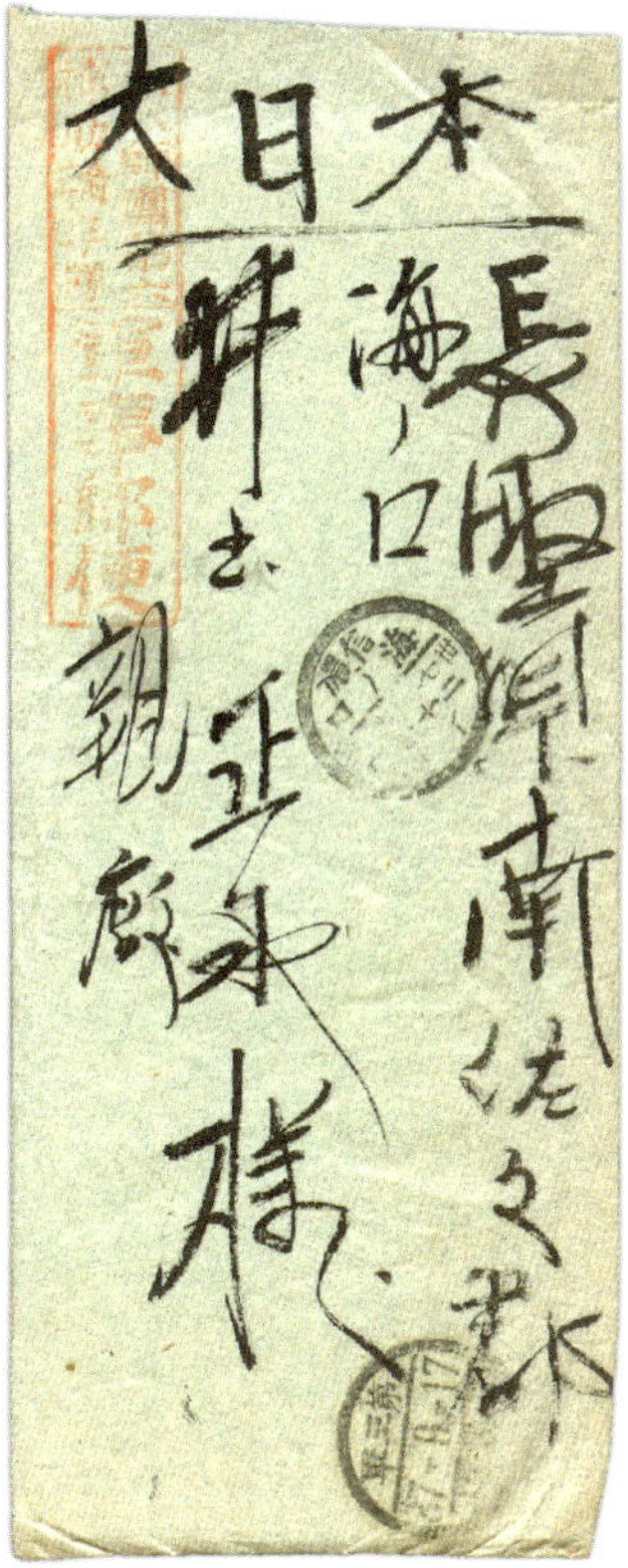


明治37年9月17日 第三軍野戦局（C欄不明）→ 9月2?日 海ノ口

井出家に残された日清戦争勝利2銭（有栖川宮）の20枚ブロック

## 日露戦争の軍事郵便

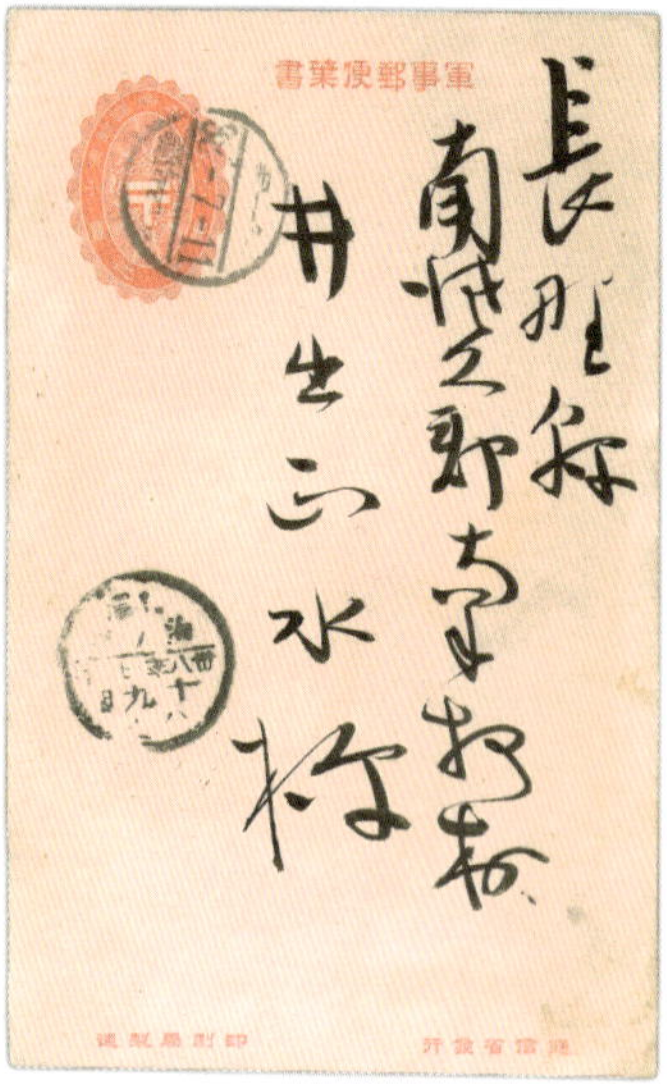


軍事郵便葉書　明治38年７月11日
第？軍？野戦局 → ７月19日 海ノ口

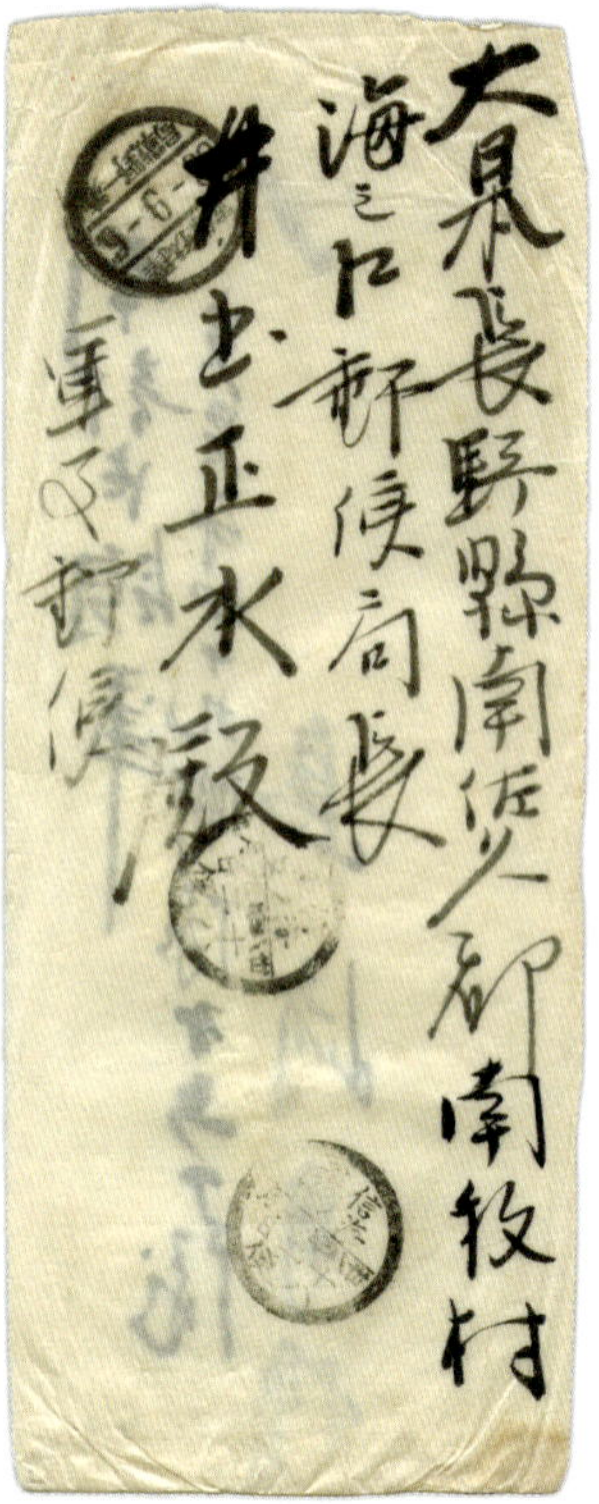

明治38年9月6日 樺太守備軍
第一野戦局 → 9月12日 海ノ口

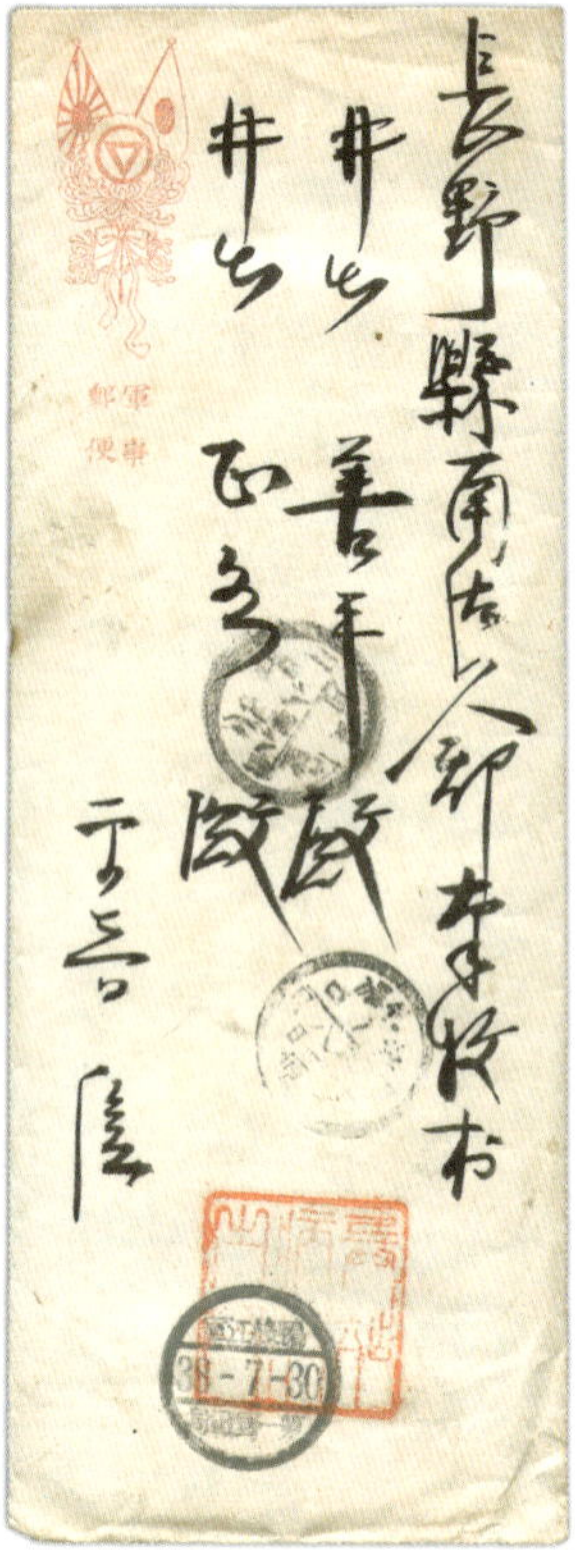


明治38年7月30日 鴨緑江軍第一野戦局
→ 8月9日 望月 → 8月11日 海ノ口

## 満州事変の軍事郵便

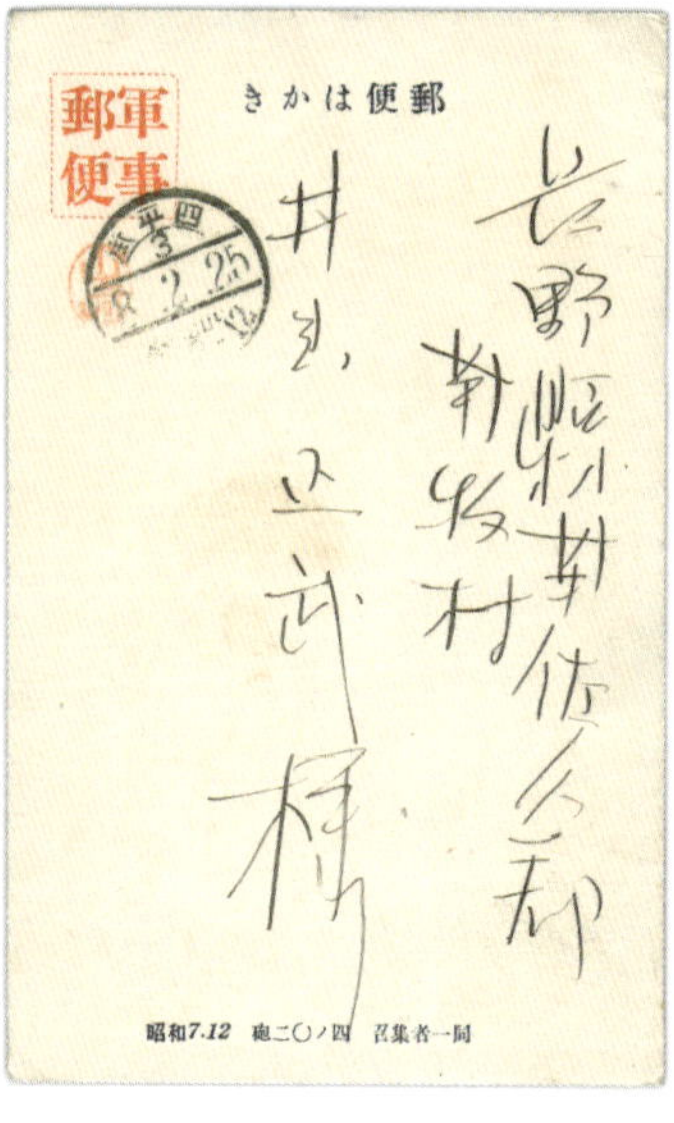


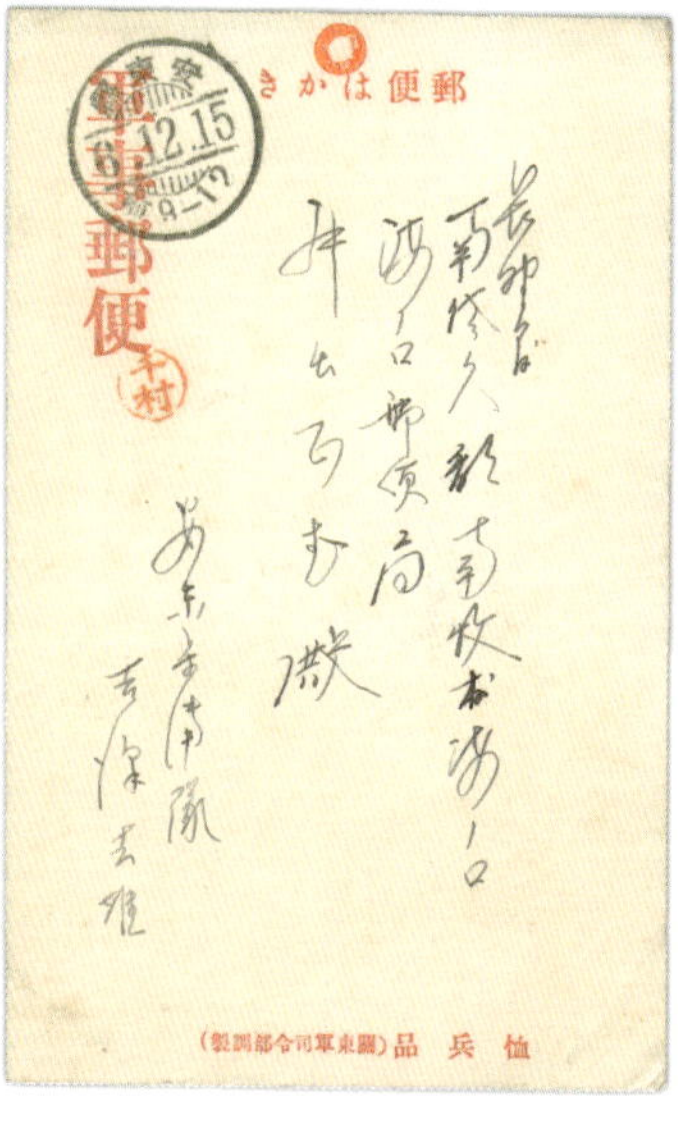


(右) 昭和6年
12月6日　安東縣

(左) 昭和8年
2月15日　四平街3
(斉斉哈爾)

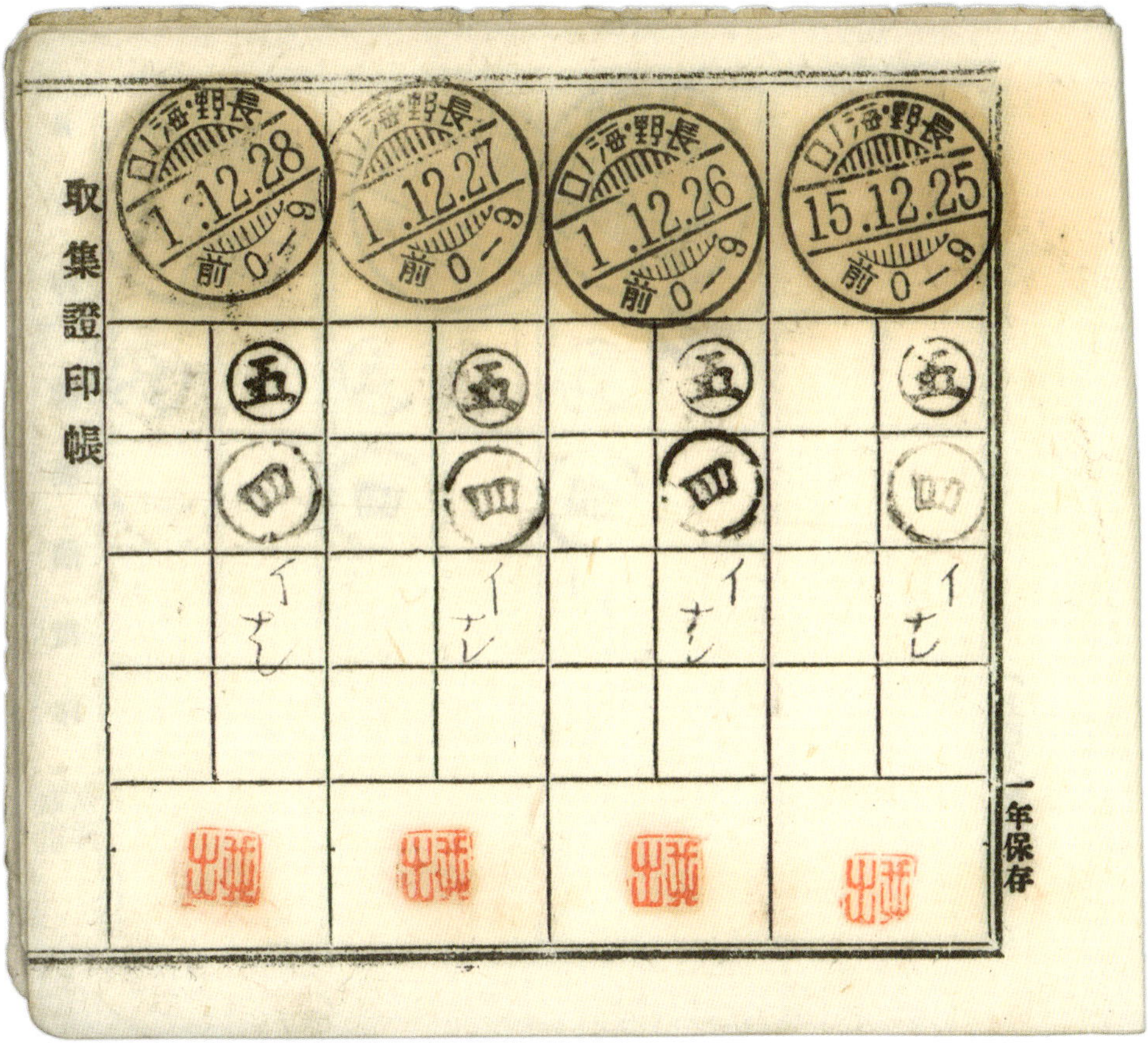


**取集証印帳**

郵便ポスト㊄、㊃、イを受け持った郵便物取集人の証印帳。大正15年1年間の記録で、12月25〜26日に大正から昭和への改元が櫛型印の日付に示されている。

取集証印帳表紙

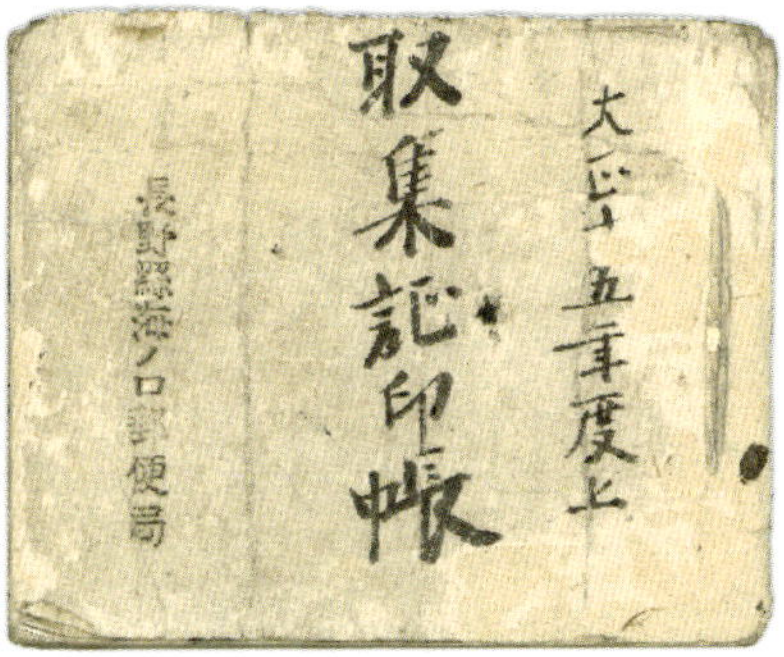

# 大正から昭和へ

毎日の業務報告のような書類なので、このような形で歴史的日付をも記録してくれている。逓信省からの消印上の改元通知は、熊本の例では電報で前9時55分が記録されているので、長野もほぼ同様と考えられる。海ノ口郵便局もこの時には電信を取扱っているので、ほぼ同時刻には到着しただろうから「前0-9」の間には改元していない。

この日の日付印検査簿が出てくれれば「前0-9」は大正15年で、「前9-12」は大正15年と昭和元年の両方が押されているかもしれない。

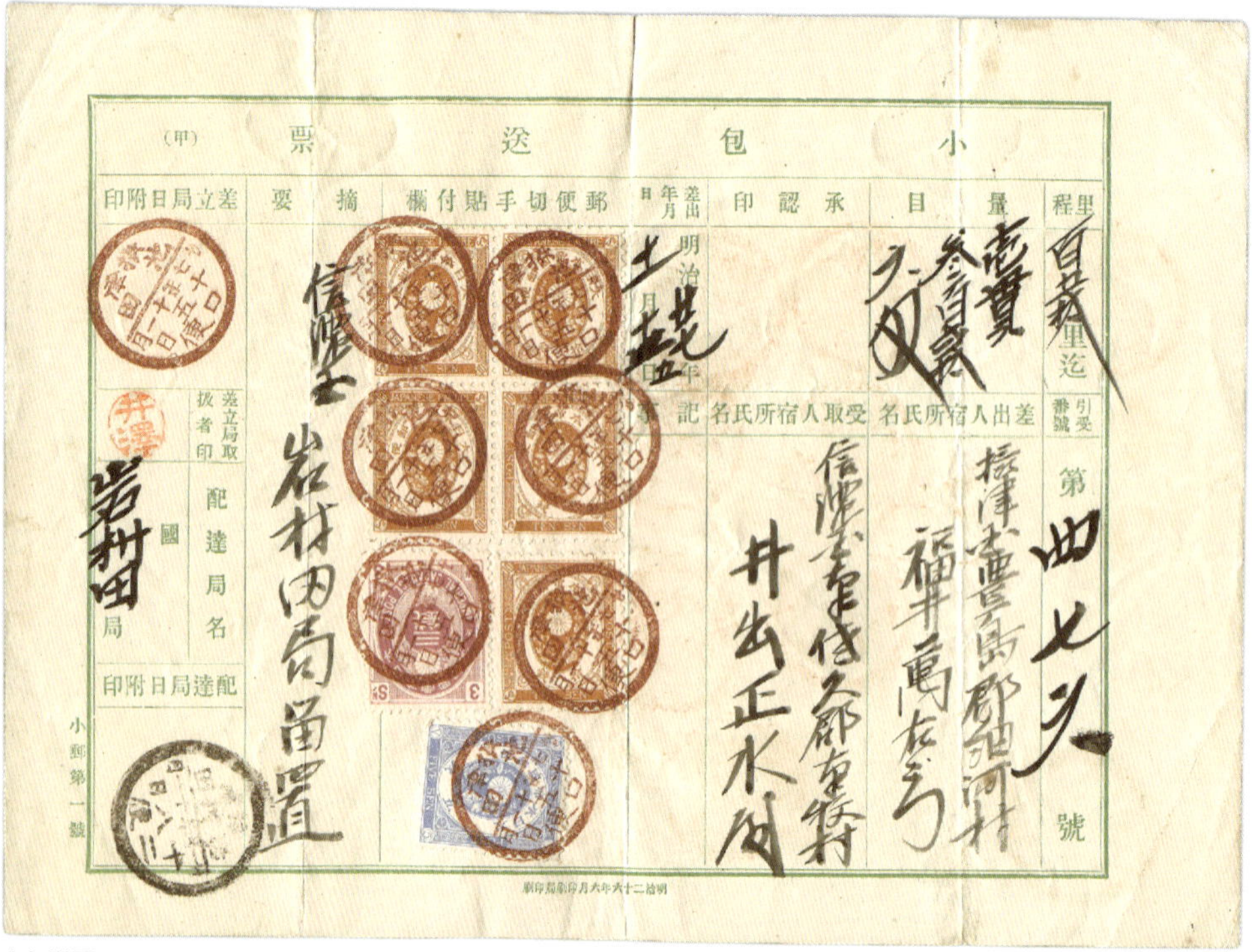


**小包送票**

明治27年11月15日 摂津・池田 → 11月18日 岩村田（宛先は海ノ口）

# 小包郵便の施行

小包郵便の制度は明治25年10月1日に東京市内で開始され、明治26年2月1日から全国施行された。とはいえ、最初からすべての郵便局で取り扱ったのではなく、取扱郵便局は徐々に拡大された。

海ノ口郵便局は26年2月1日の時点では小包郵便取扱局ではなかった。そのため小包郵便物を海ノ口郵便局区内に直接送達する方法はなく、最寄り取扱局である岩村田郵便局（明治26年6月1日小包取扱開始）まで送達した上で、（特別）留置にする方法が採用された。それを受取人が取りに行くわけである。それが上図である。

ところが29年11月16日に海ノ口郵便局でも小包郵便取扱が開始されたため、以後は海ノ口郵便局まで小包郵便物が直接送達されることになった。それが左の2つの図である。この時は送票の形式が変更されたため受取人が誰なのかわからないが、出所から井出家であろうと思われる。

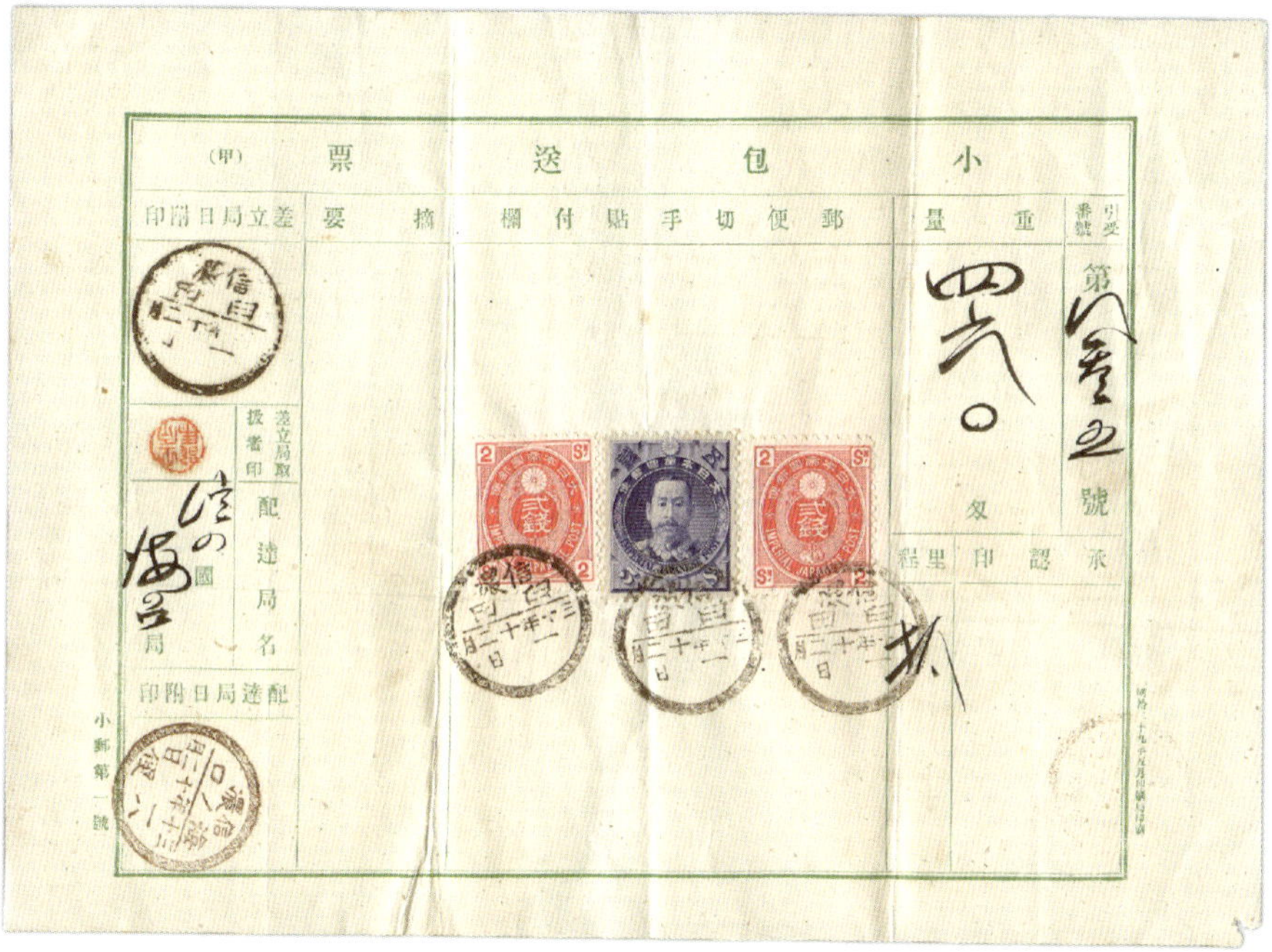


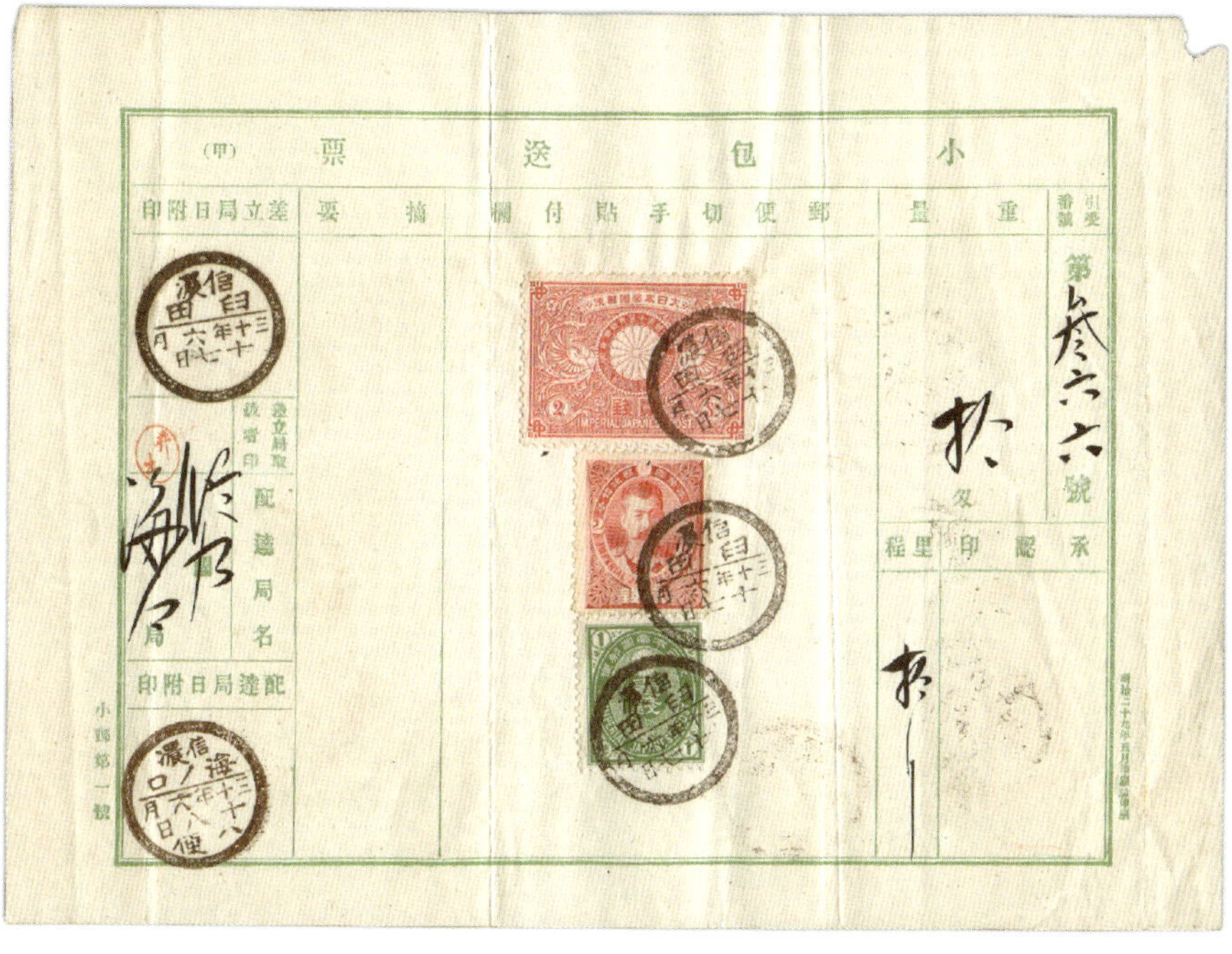


**小包送票**

いずれも臼田局差出、
海ノ口局宛。
上は明治30年6月17日
臼田 → 6月18日 海ノ口
下は明治30年 12月1日
臼田 → 12月1日ハ便 海ノ口

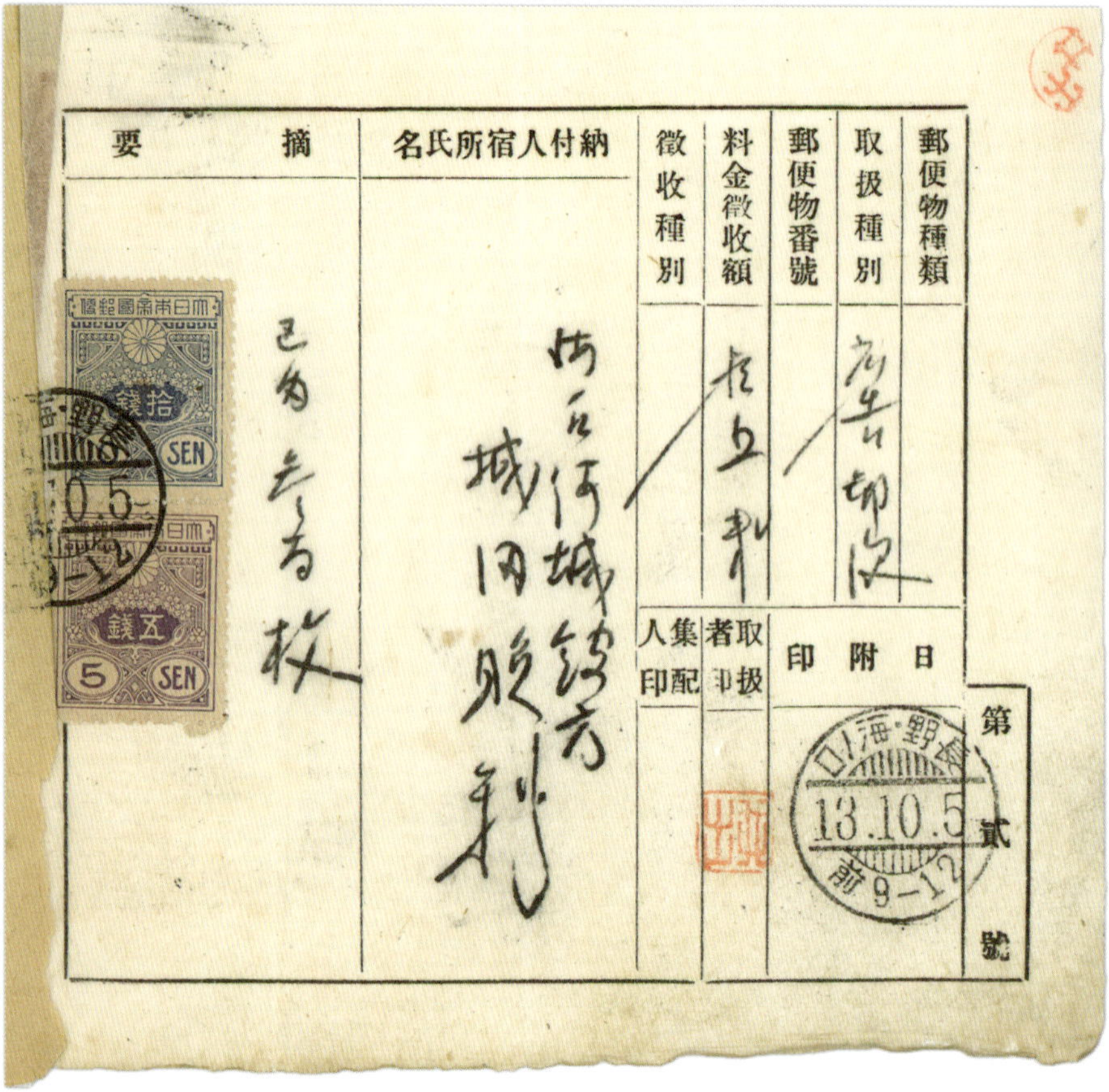
郵便物種類
取扱種別
郵便物番號
料金徵收額
徵收種別
納付人宿所氏名
摘要
日附印
取扱者印
集配人印
第　貳　號
海・野辺 13.10.5 前9−12
拾銭 SEN
五銭 5 SEN

区内300枚の広告郵便　大正13年10月5日 海ノ口

# 最後期の広告郵便

広告郵便は明治40年4月1日から開始。100通毎に市内20銭、市外30銭だったものが、明治42年11月1日から値下げされ、市内5銭、市外12銭になった。それでもあまり利用されず、大正13年に廃止された制度である。

本例は、海ノ口郵便局市内に宛て300通の市内郵便を差し出している。この直前の大正10年に実施された第一回国勢調査では南牧村は582世帯であったので、この数値を基にするとおよそ二軒に一軒位にあて差し出した計算になる。一通わずか5毛という料金である。

井出家宛てにこの郵便物が配られたかどうかは不明だが、もし残っていれば、この郵便料金取立書と並べることができるので、貴重な資料となる。

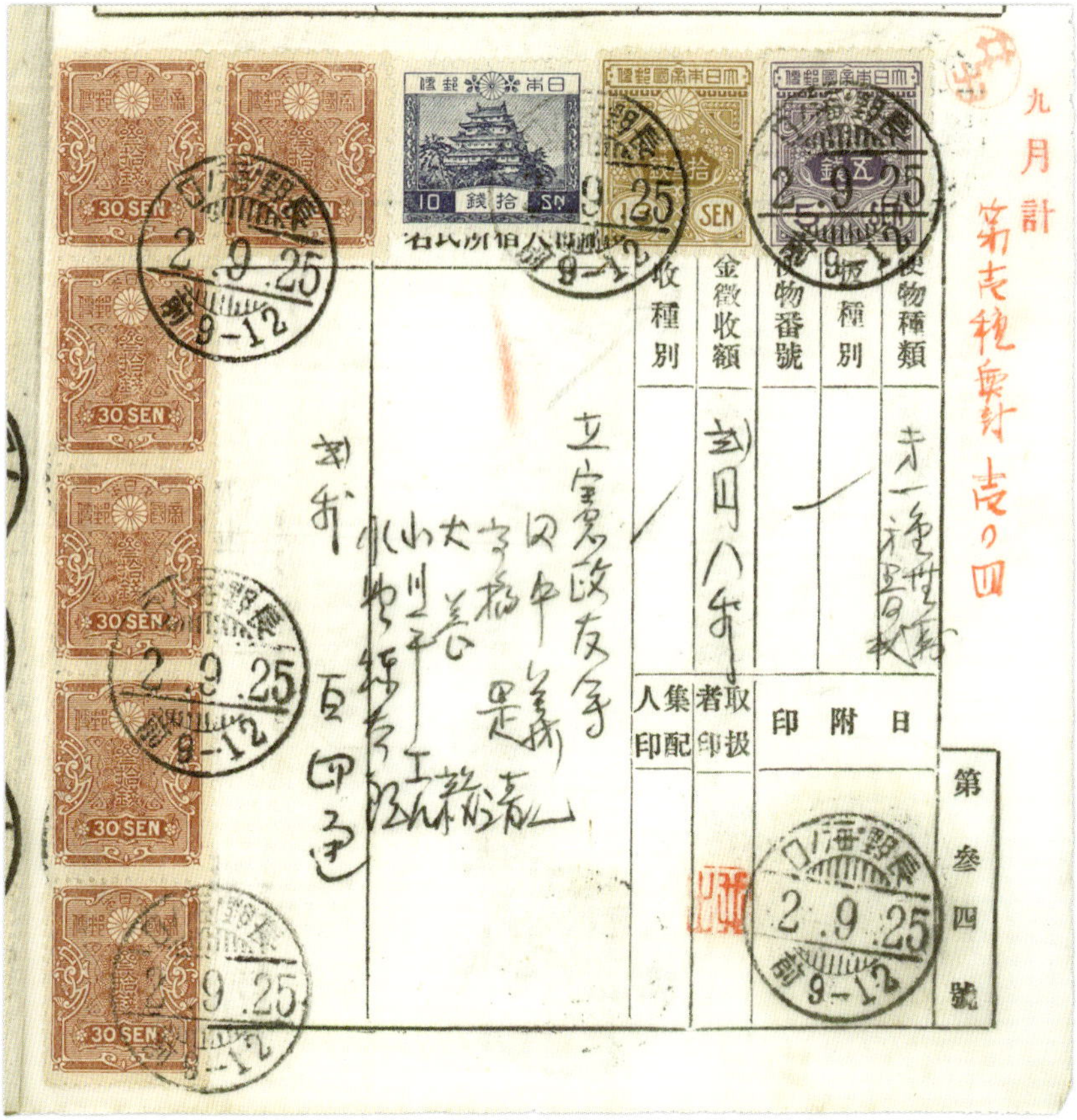


１０４通の別納郵便　昭和2年9月25日 海ノ口
差出人は立憲政友会、田中義一、高橋是清、犬養 毅、小川平吉、水野練太郎の連名。

# 別納郵便の導入

料金後納郵便は大正8年4月から始まった制度で、本例では昭和2年、おそらく立憲政友会の名前で出した選挙に関連する郵便（第一種無封書状）であろう。

前頁の例同様に、この時差し出された別納郵便物が井出家にも届いている可能性はある。揃えることができれば最高の資料になる。

一般に、広告郵便、市内特別郵便、別納郵便など、切手が貼られていない郵便物には関心がもたれていないが、このような郵便料金取立書と共に集めることをお薦めする。

# 電信区の拡大

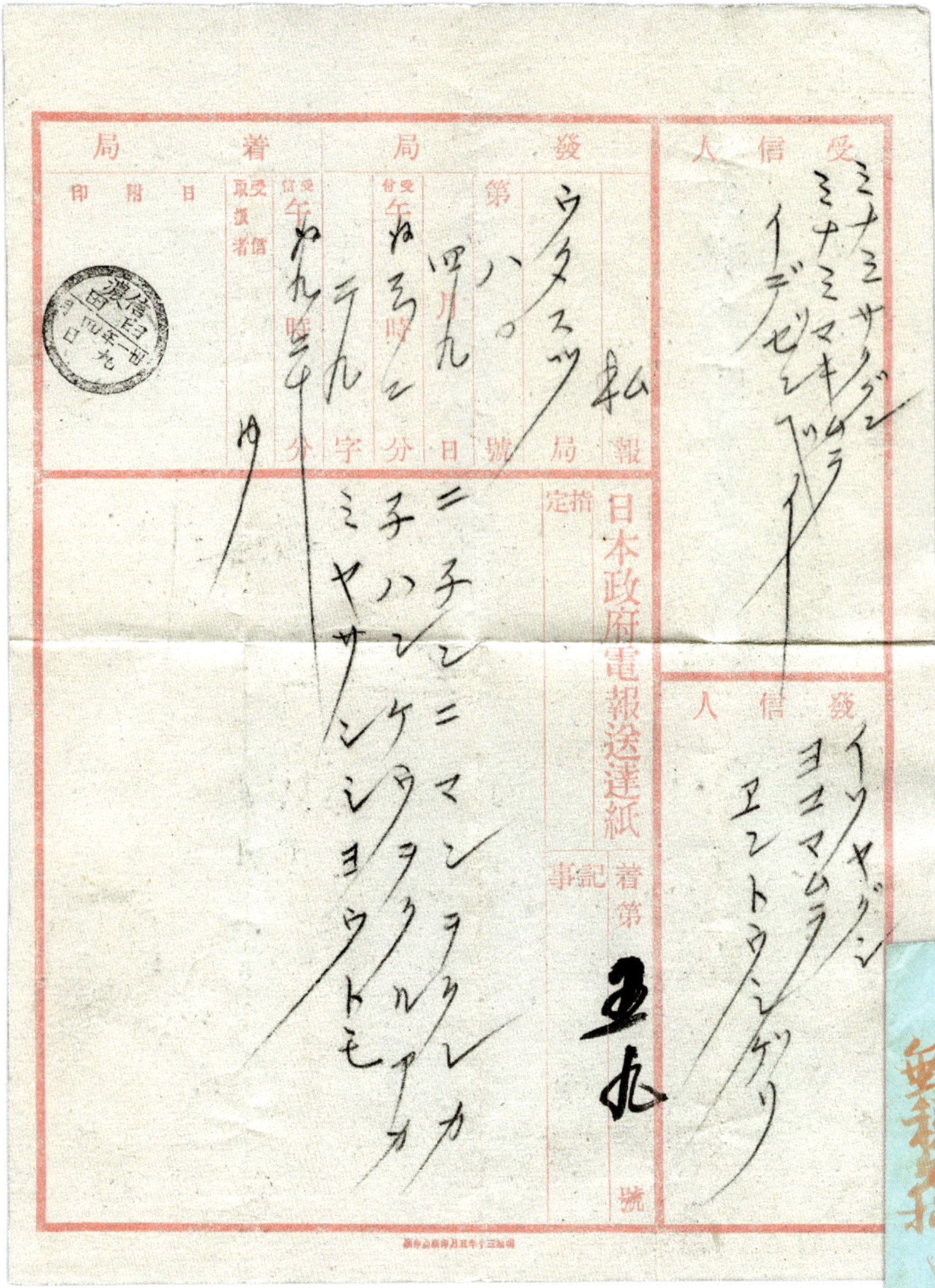


臼田局が受信した南牧村宛の電報
発信局は北海道道南の歌棄局。臼田局の受信は明治31年4月9日午前9時20分とある。

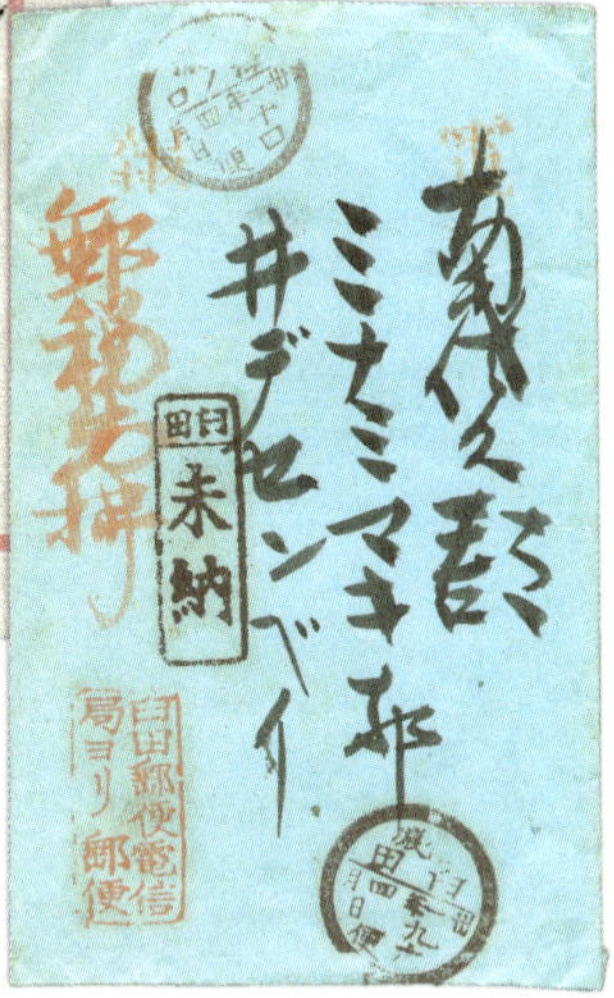


明治31年4月9日 臼田 → 4月10日 海ノ口
臼田局から海ノ口局へ電報を郵送

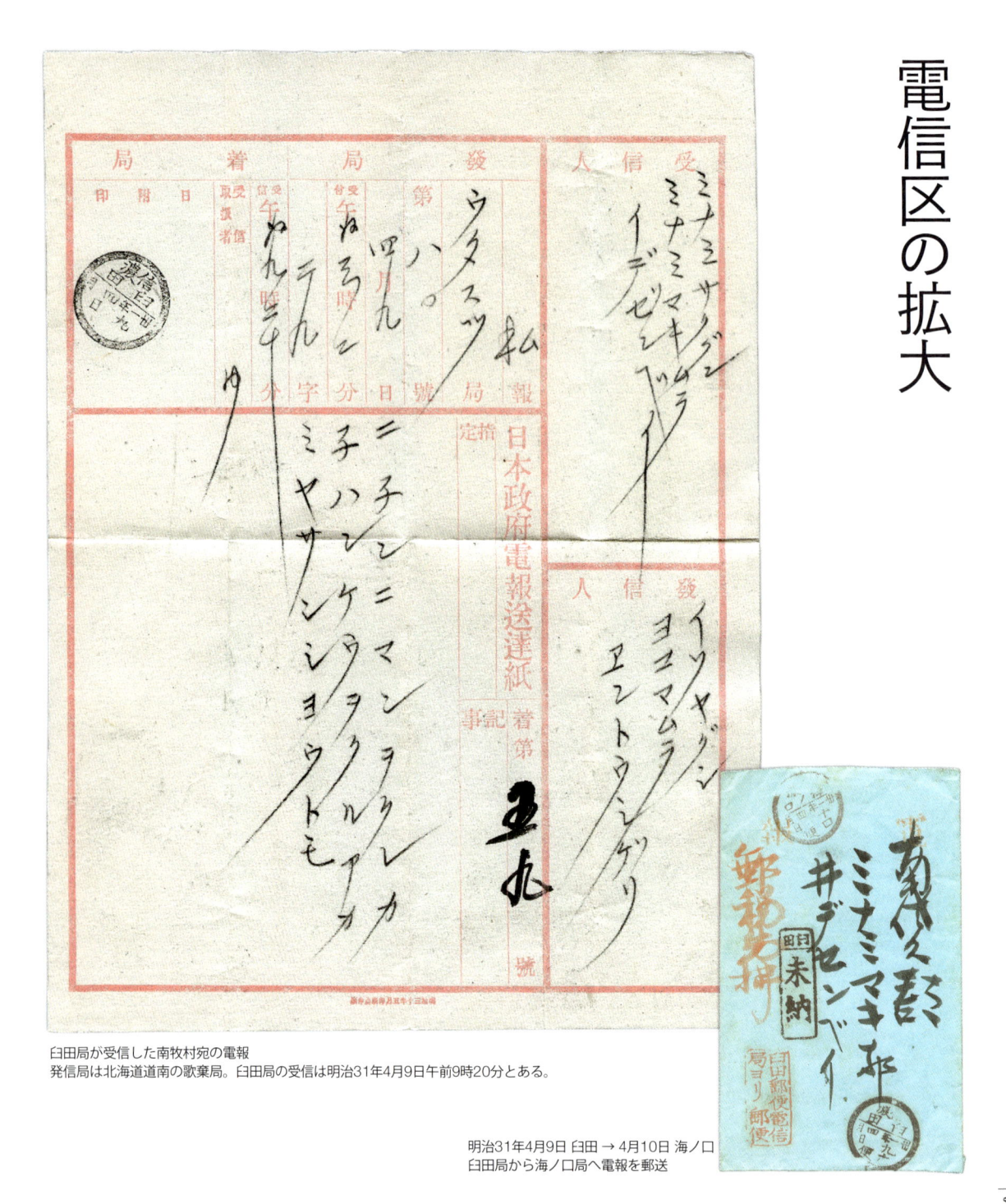

佐久地方　明治期の電信開始時期

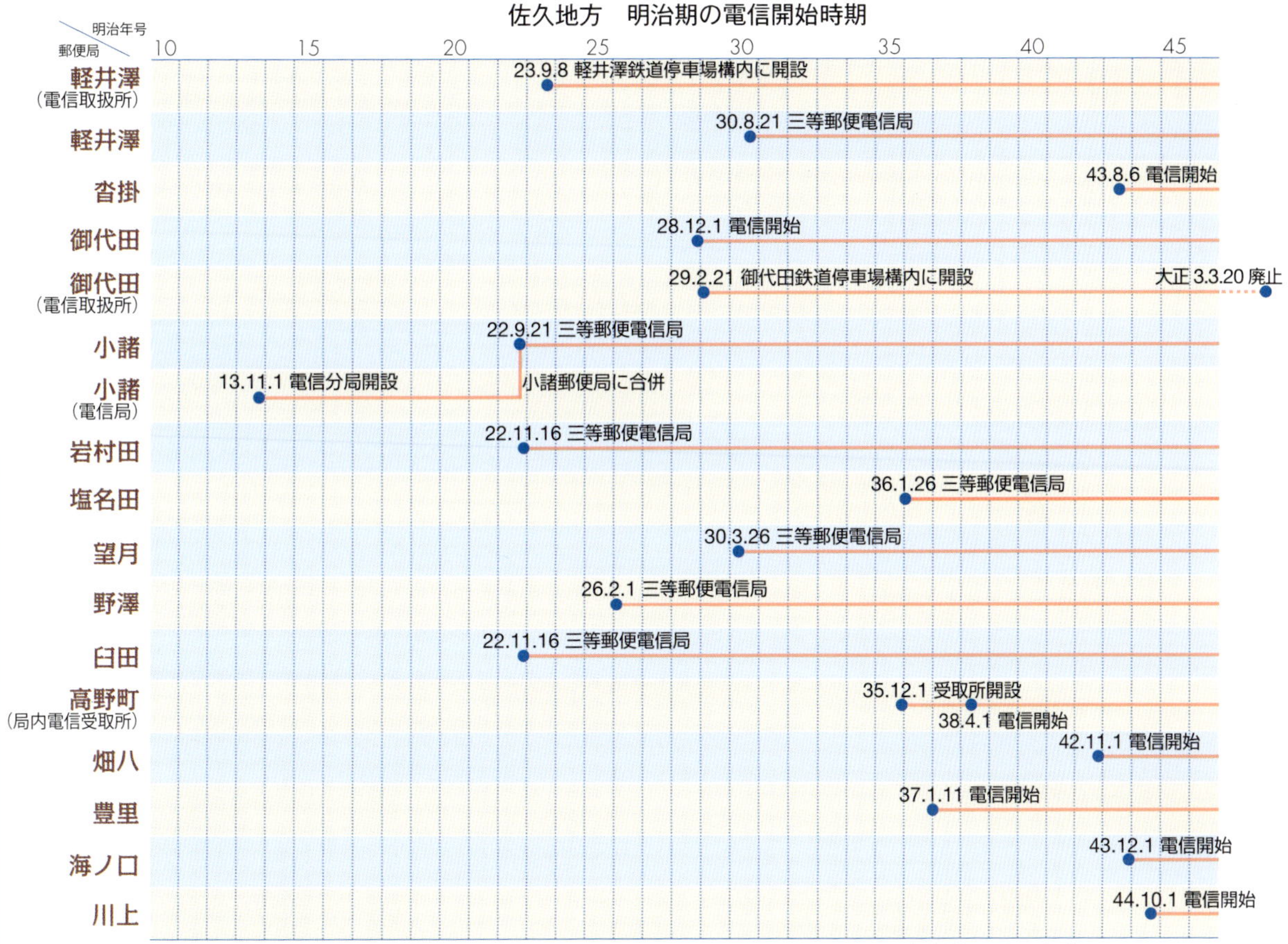


※参考資料：長野郵便局「長野県通信沿革誌」（大正５年刊）／成田真之「明治の全郵便局所沿革」（CD-R）（鳴美・平成 18 年刊）

電信取扱局は、郵便取扱局に比べて明治初期〜中期は少なかったため、電報の配達網は非常に興味深いテーマである。右頁の例は、北海道の歌棄局から海ノ口に宛てた電報である。ところがこの時期は、海ノ口局の最寄の電信取扱局所は臼田郵便電信局（明治22年11月16日取扱開始）であった。そのため一旦臼田局まで電信で送る。この電報は臼田局の直電報配達区域外なので、そこからの逓送方法は二種類である。

一つ目は臼田局から通常の郵便で送る方法である。二つ目の方法は別使配達である。前者の場合、郵便料金が別途必要になる。この郵便料金を差出人が払っていれば料金完納になるのだが、差出人が料金前納をしていなければ、本例のように第一種郵便料金の未納扱いで郵送となる。

この後、豊里郵便局の電信取扱（37年1月11日）に伴い同局からの郵送の取り扱いに変更され、43年12月1日に電信取扱開始になって、ようやく海ノ口郵便局の自局配達となる。残念ながらこれらの時期のものは例示できないが、52〜54頁の回線図で電信網の伸長を見ていただきたい。

## 長野郵便局管内電信回線図（部分） 明治18年4月1日調

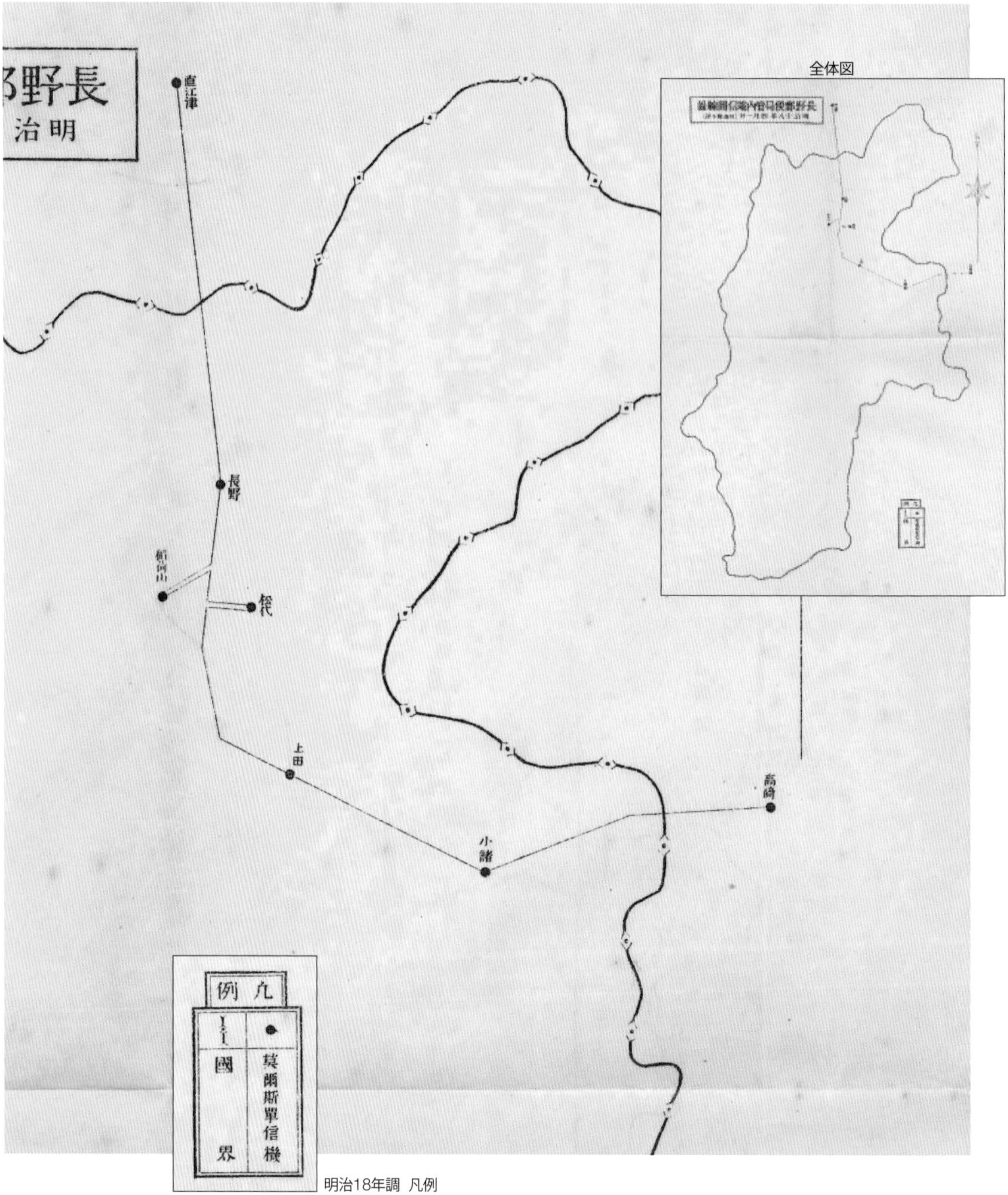


明治18年調 凡例

# 長野郵便局管内電信回線図（部分） 明治38年4月1日調

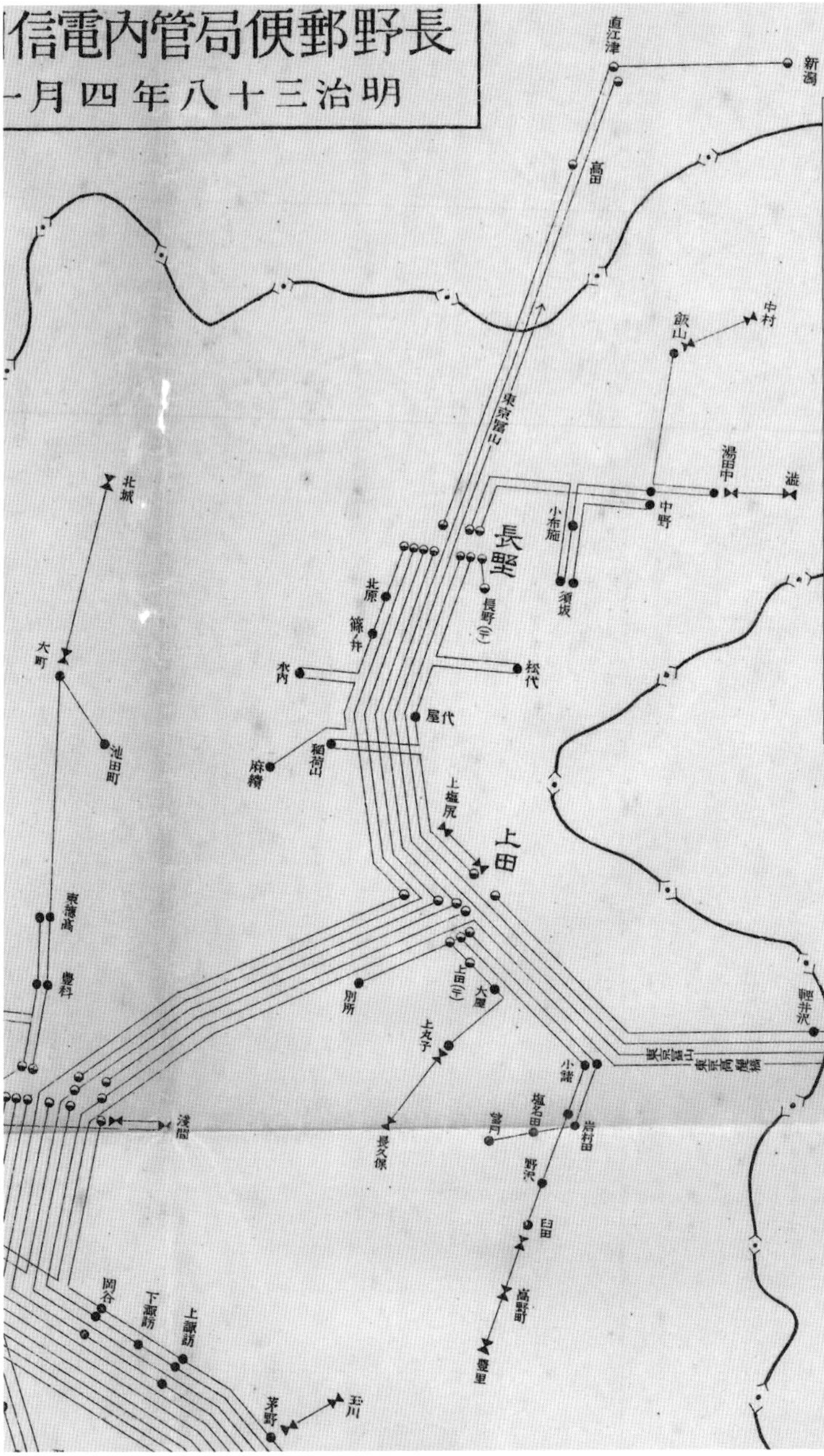


全体図

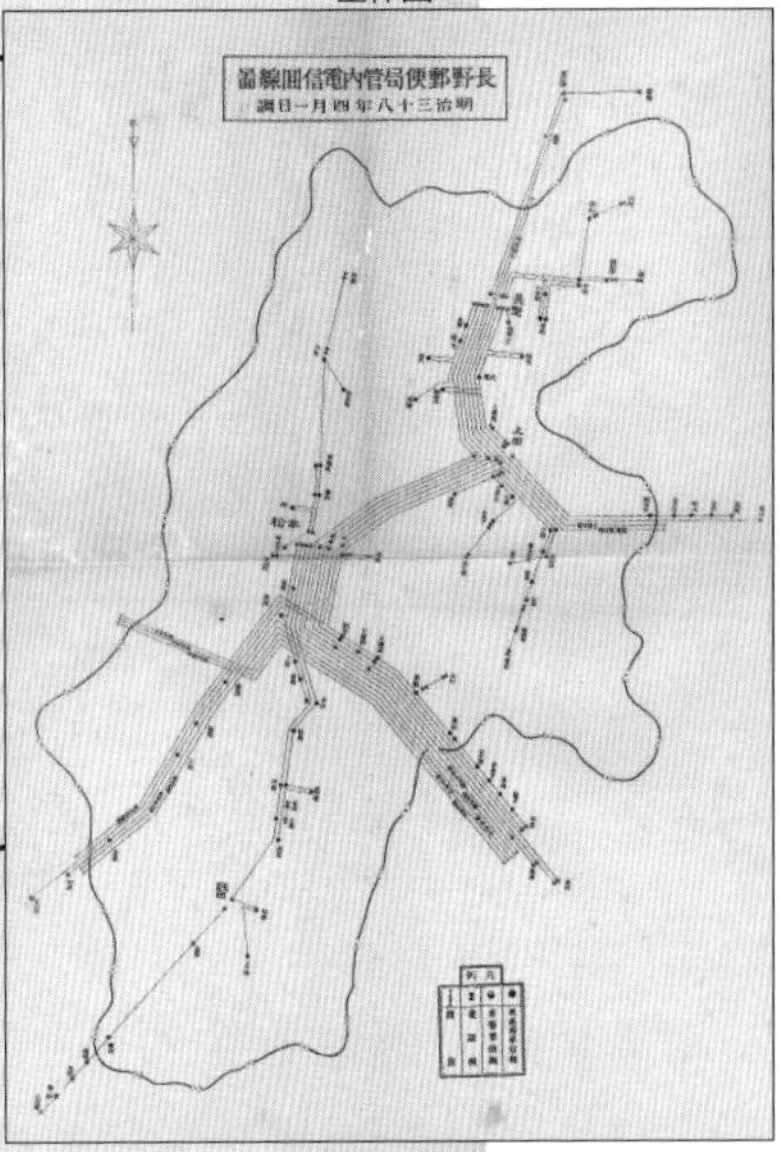


※海ノ口局の隣局、豊里局は明治37年1月11日電信開始。

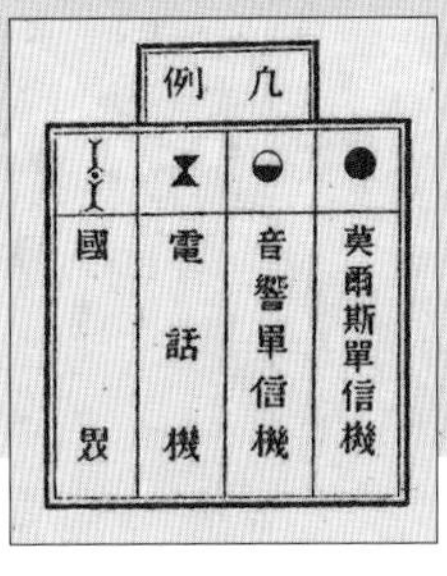


明治38年調 凡例

# 長野郵便局管内電信回線図（部分）　大正５年10月１日調

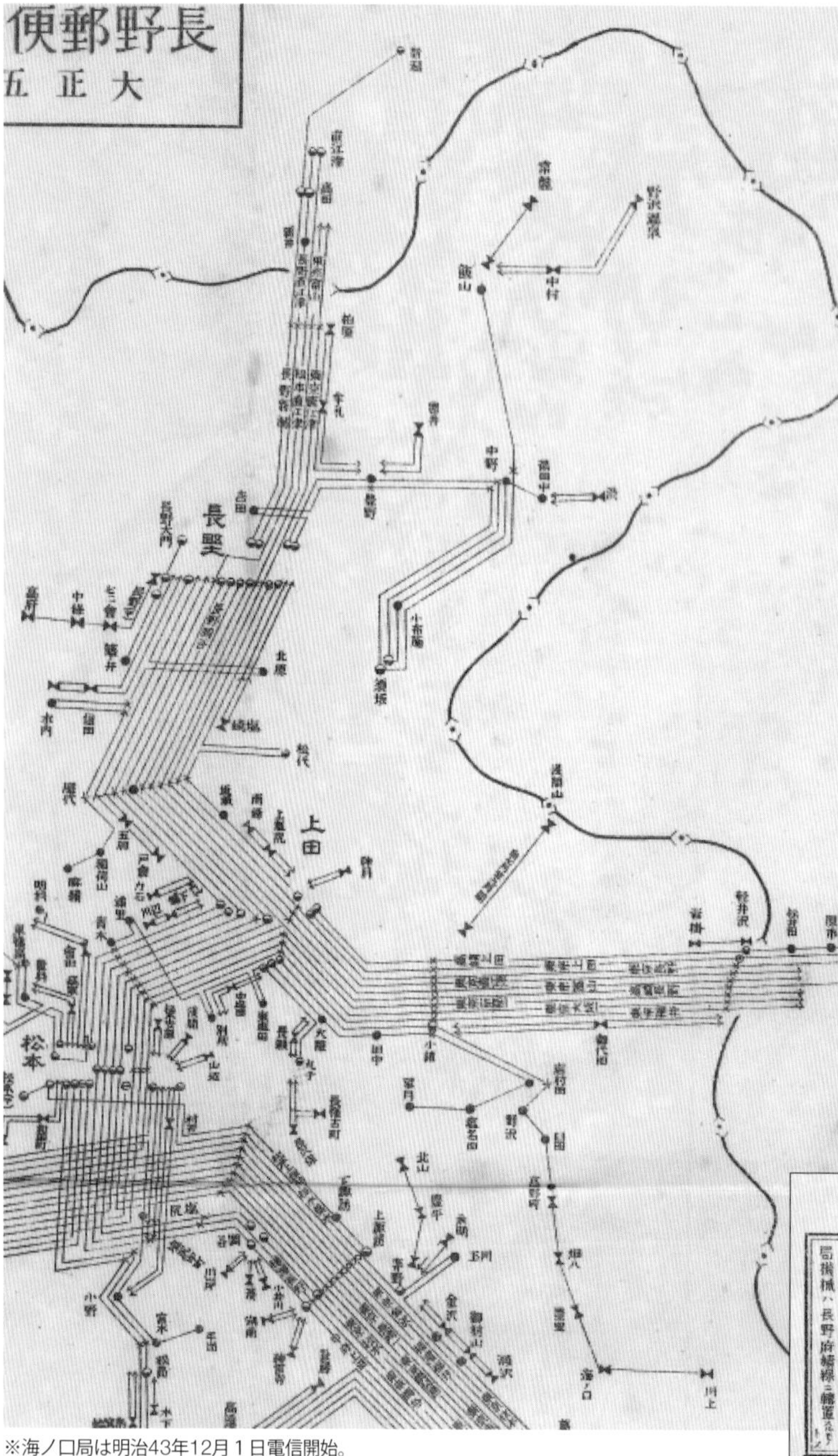


全体図

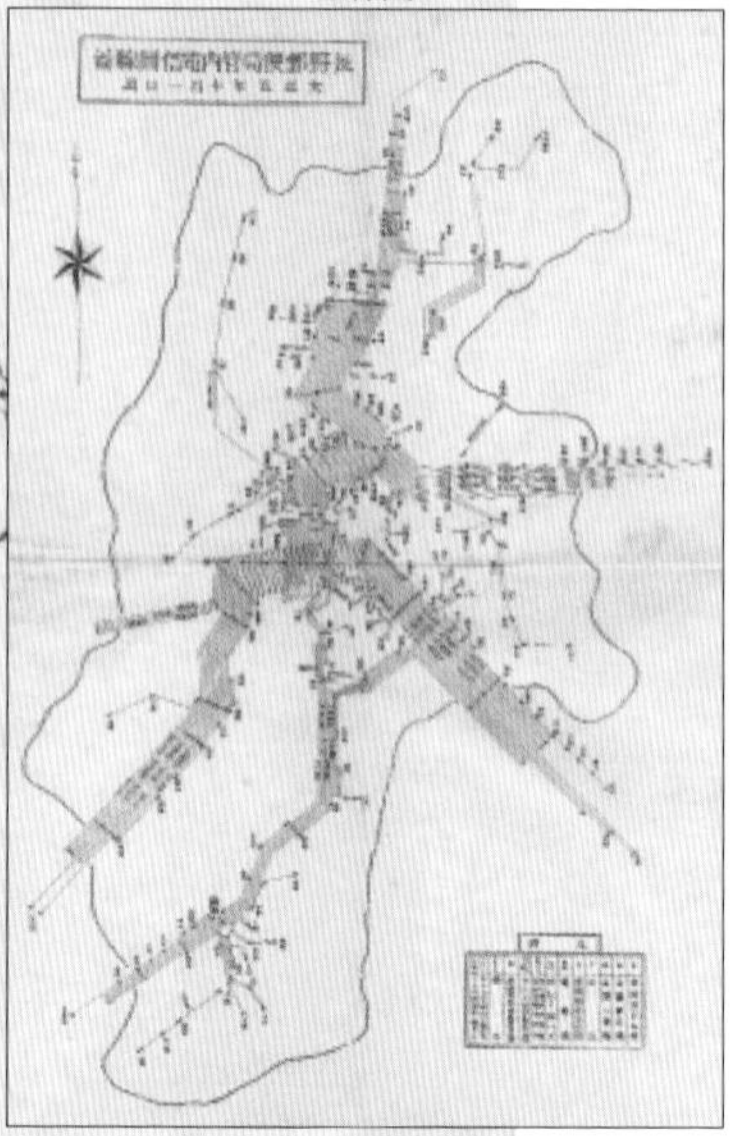

※海ノ口局は明治43年12月１日電信開始。

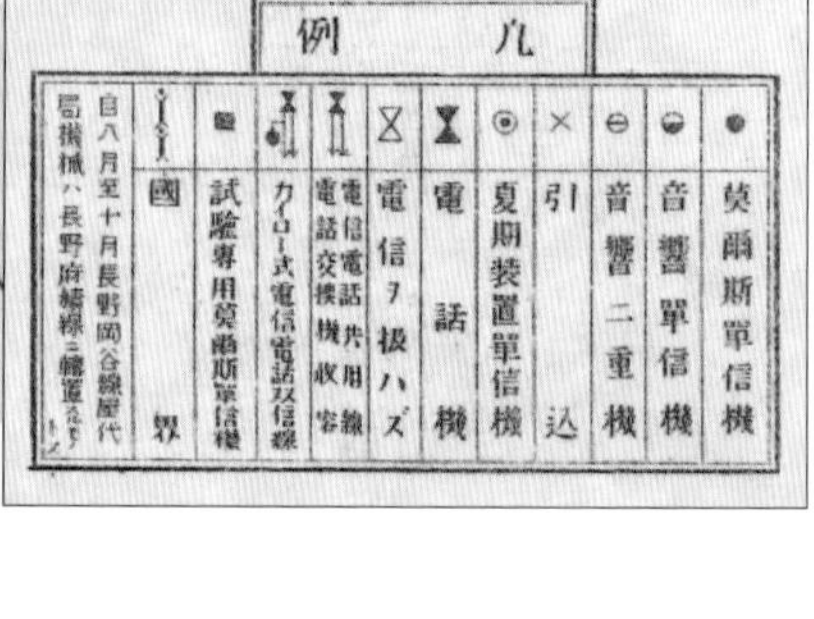


大正５年調　凡例

# 第五章
# 井出家に残された印類から

井出家には郵便や貯金、為替に使用された多くの印類が残されている。貯金用日付印などは木製活字も現存しており、非常に興味深い。ここでは印類を示すとともに印影を並べ、ひとつひとつが果たした役割について解説を付した。

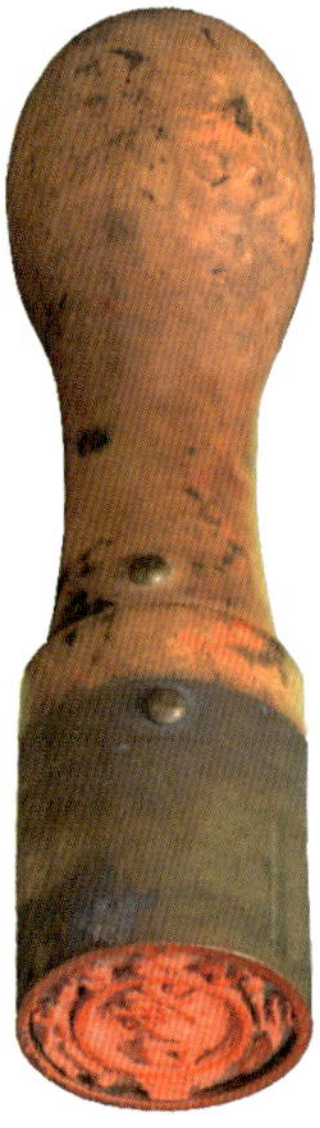

**貯金用日付印**

この消印は明治19年3月1日から明治27年3月31日まで使用されたが、海ノ口郵便局が貯金扱いを開始したのが明治27年1月1日なので、僅か3ヵ月しか使われなかった消印となる。

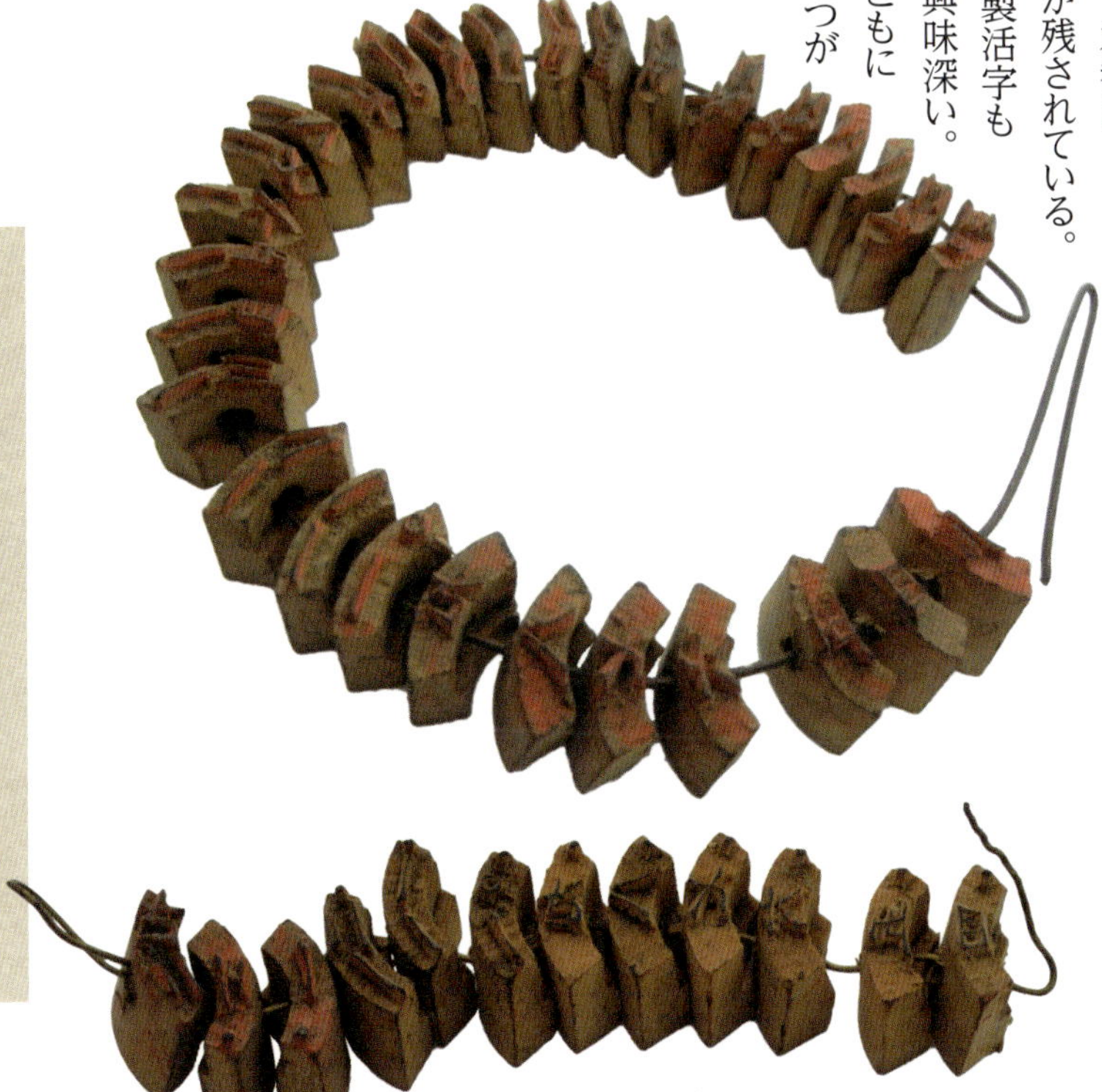

貯金用日付印の木製活字

**信濃國海ノ口郵便局印**

各種業務に用いられた式紙類に押された郵便局の印。

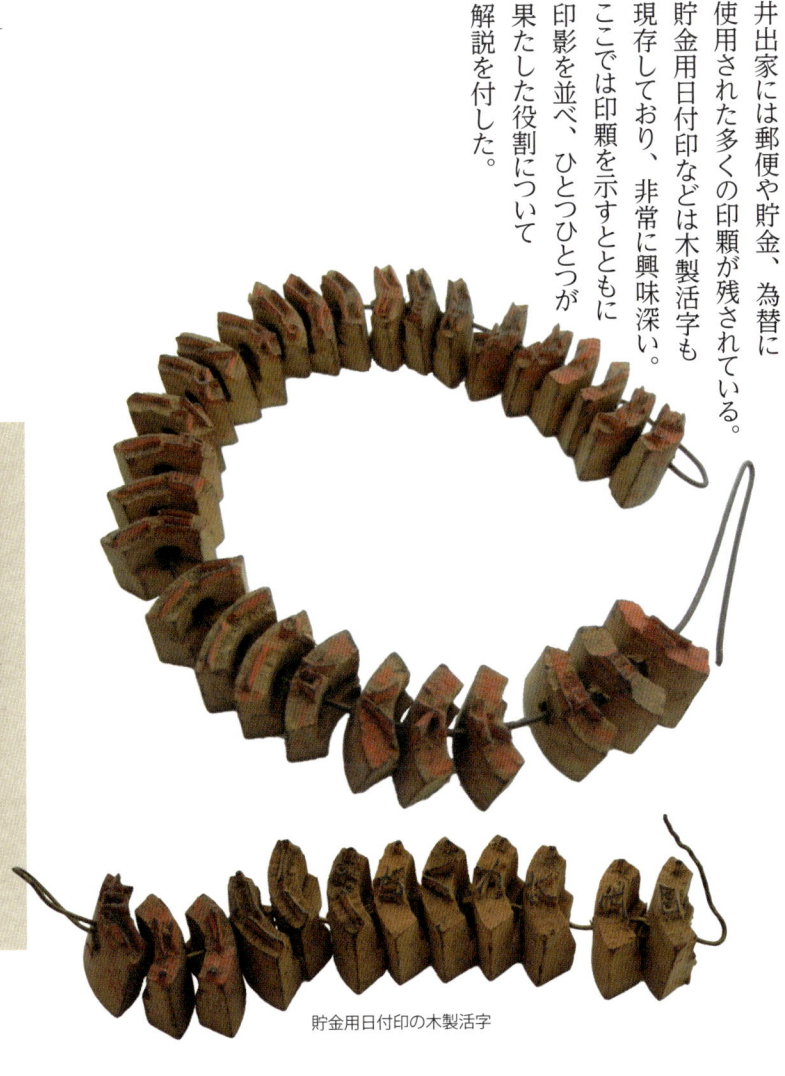

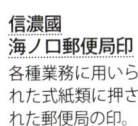

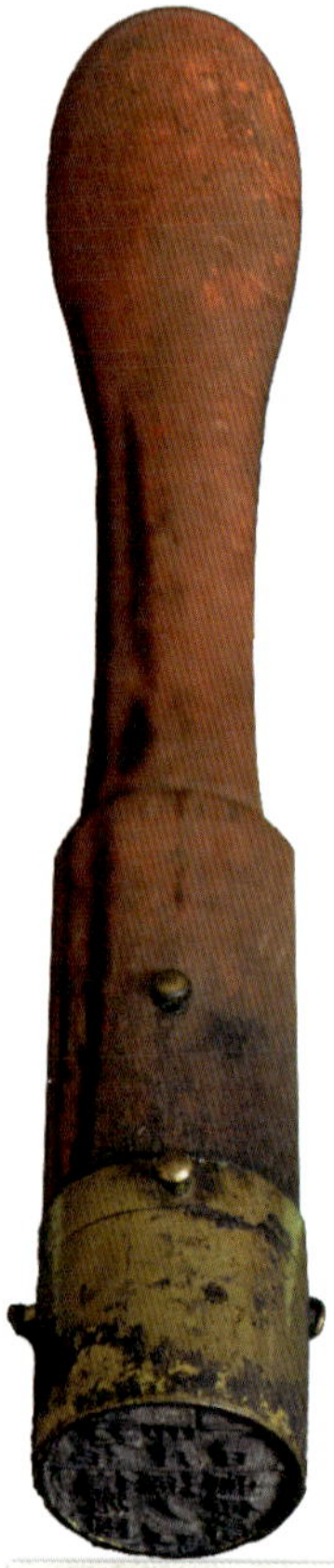

**為替用日付印**

海ノ口郵便局が為替取扱を開始した明治27年1月1日から使用され、明治27年4月1日からは貯金事務にもこの印を使用。明治36年3月31日まで使用された。

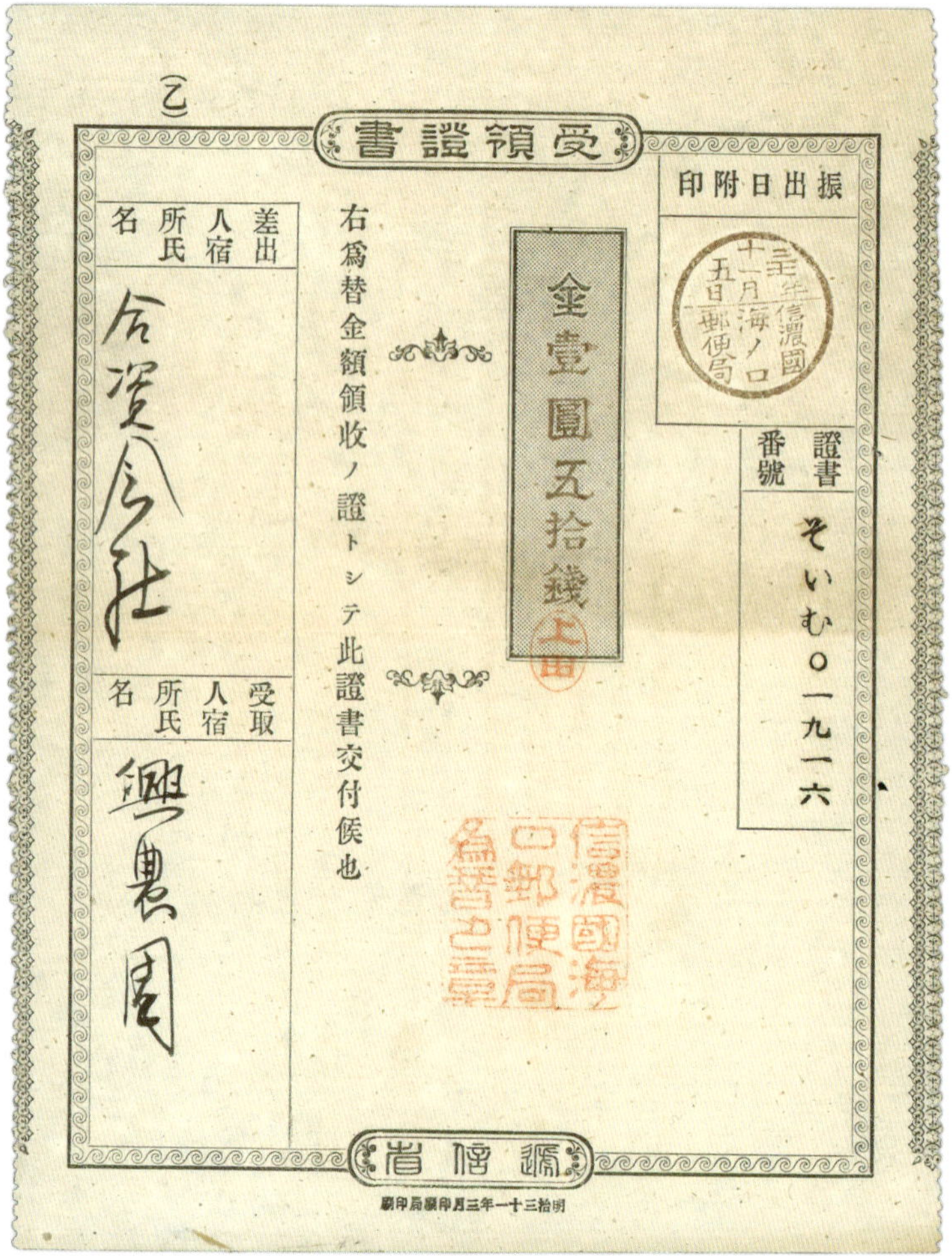

乙

受領證書

振出日附印

差出人宿所氏名

右為替金額領收ノ證トシテ此證書交付候也

金壹圓五拾錢

受取人宿所氏名

證書番號

そいむ〇一九一六

遞信省

明治三十一年三月印刷局製

**為替受領証書**

左の消印を右上の振出日付印欄に押捺し、下の印章を中央下部に押した実例。

**信濃國**
**海ノ口郵便局印章**

為替事務取扱時に押された印。

**信濃國海野口郵便局承認印**

明治19年2月から明治33年9月末まで使用された。郵便取扱上、ほかの郵便物に損害を与える可能性がある内容物を送る際に、郵便局の承認を得たことを示す印。

**郵便為替貯金管理所印**

貯金事務の管轄管理局（貯金原簿所轄局）を明示するために使用された印。

**勧業債券購買金印**

明治40年5月9日に制定された勧業債券購買媒介規則に基づき使用された印。

**貯金債券購買金印**

明治37年11月2日に制定された貯蓄債権購買媒介郵便取扱規則に基づき使用された印。

**海ノ口郵便局長印**

各種業務に用いられた式紙類におされた郵便局長の印。

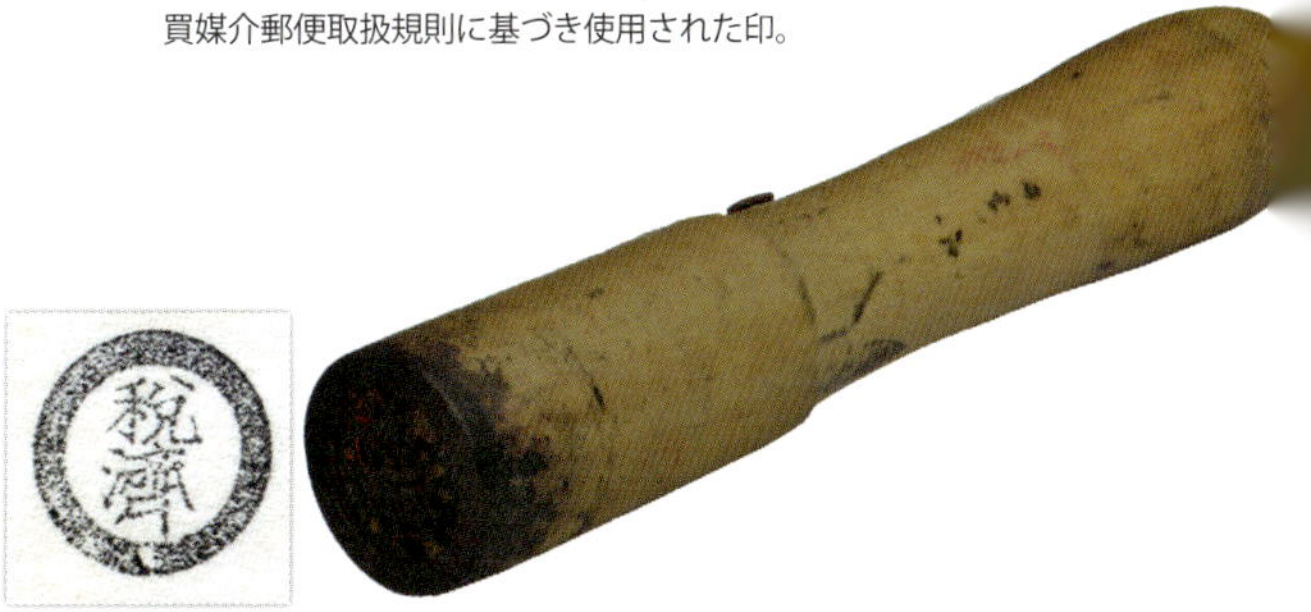


**税済印**

税済郵便に使用された印。明治33年9月末で制度廃止とともに使用も廃止された。

# 第六章 佐久地方の郵便

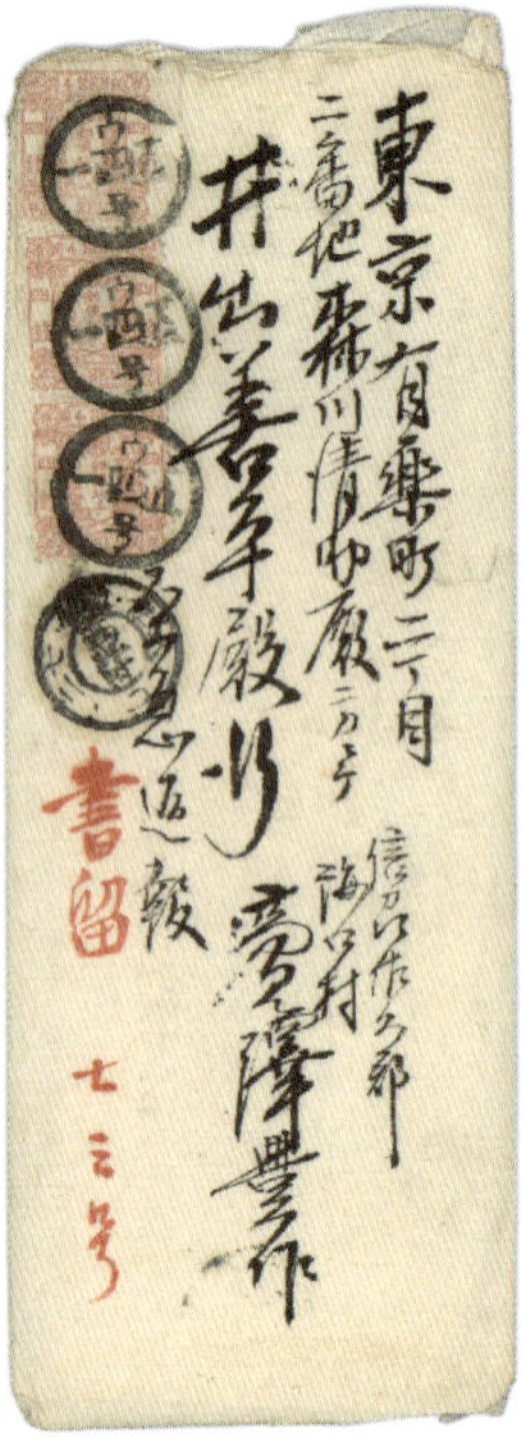

**高野町局**
明治11年7月27日 高野町（記番印ウ一四五号）↓7月30日 東京

長野県佐久地方は明治12年、佐久郡を分割し、南佐久郡と北佐久郡として再発足している。そのため各局のエンタイアに見られる消印にも「佐久」と「南佐久」・「北佐久」が混在する。

## 佐久地方各局発のエンタイアから

ここでは、在京時の井出氏宛、及び帰郷後の井出氏宛の郵便物で、佐久地方発の記番印、及び二重丸型印のものを例示してみた。

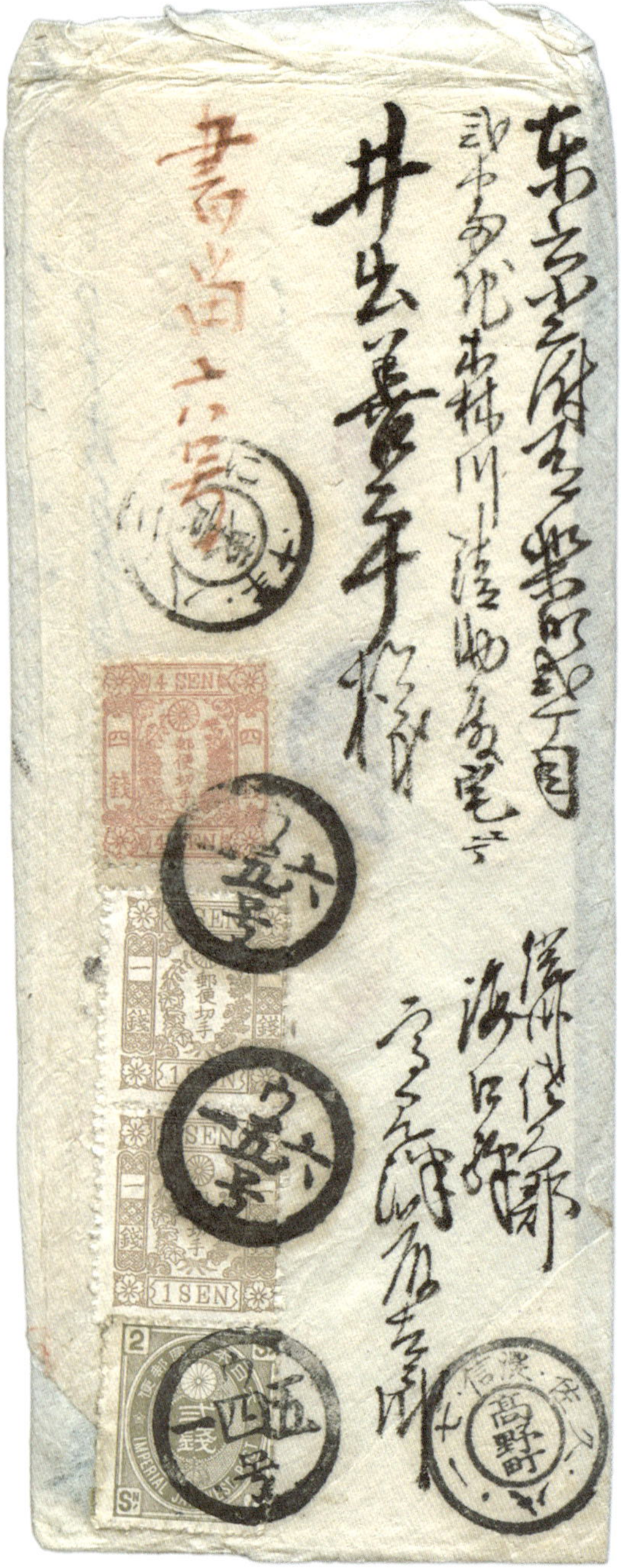

**海ノ口局（高野町局）**
明治10年8月17日 海ノ口（記番印ウ一五六号）↓8月17日 高野町（記番印ウ一四五号）↓8月20日 東京

## 海ノ口局

明治10年7月19日 海ノ口（記番印ウ一五六号）↓7月23日（中継局不明）↓7月24日 東京

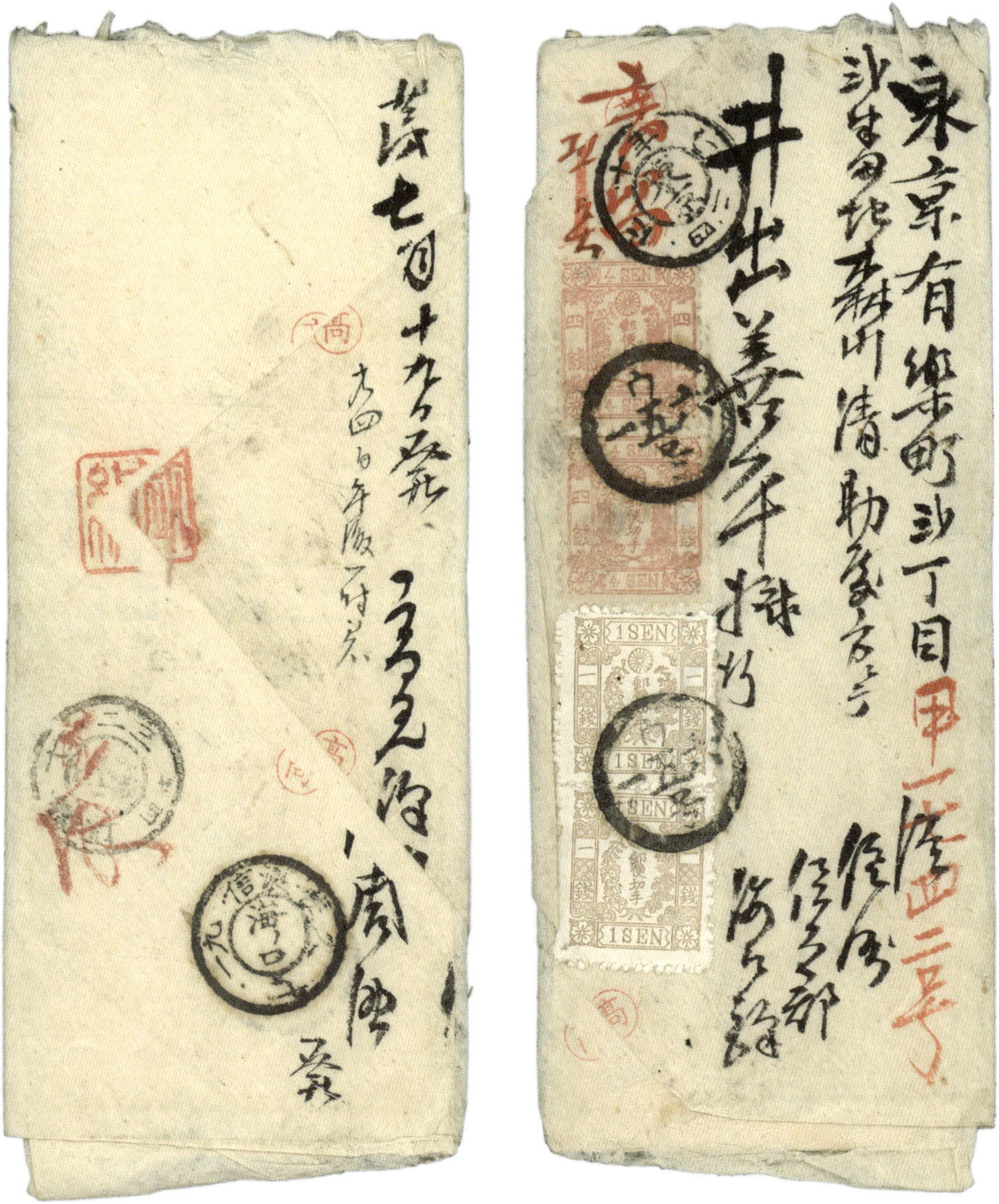

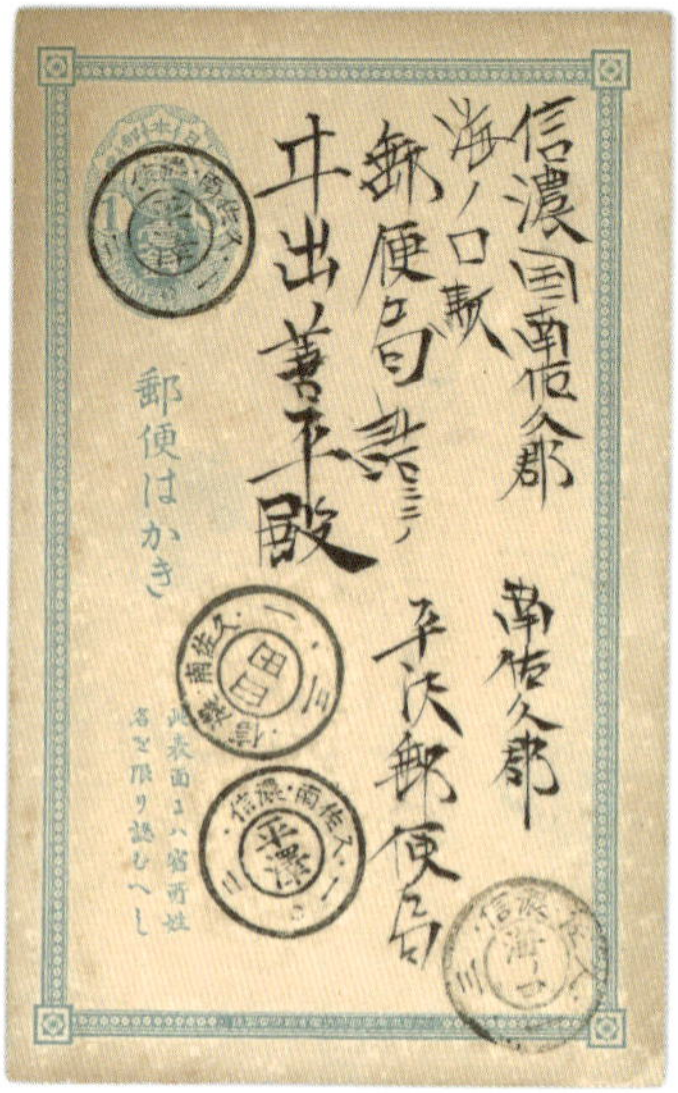

### 平澤局

明治17年1月2日平澤↓1月3日 海ノ口（局同士の年賀状）

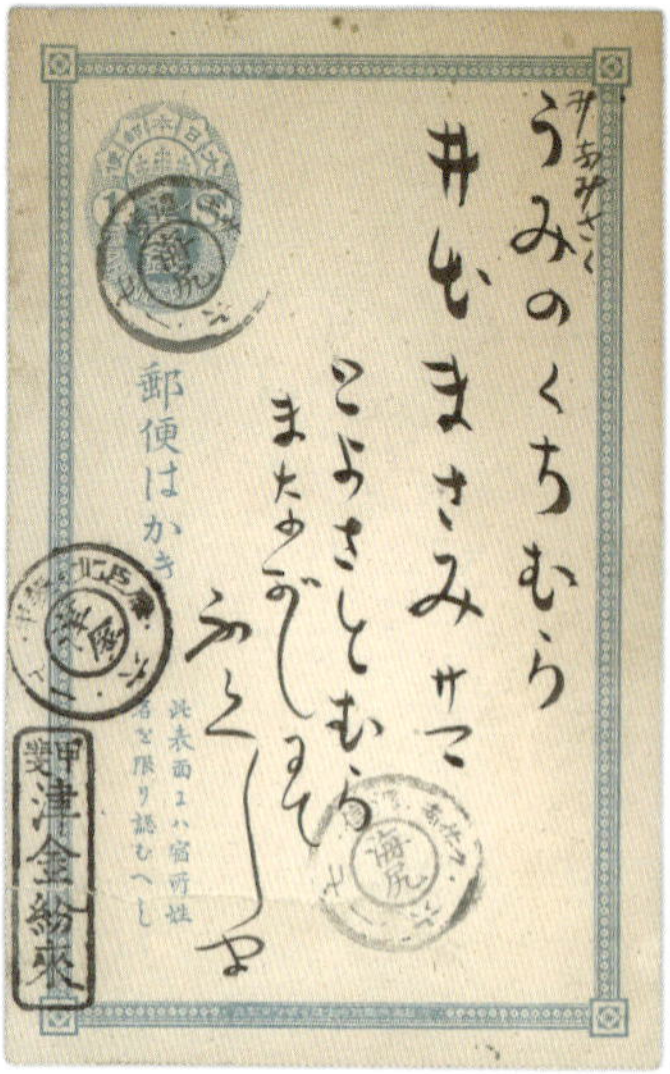

### 海尻局

明治?年6月17日 海尻↓6月17日 津金（紛来［誤送］）↓6月18日 海尻（郵便事務付箋付き）↓6月18日 海ノ口

### 野澤局

明治12年6月7日 野澤↓6月11日 東京

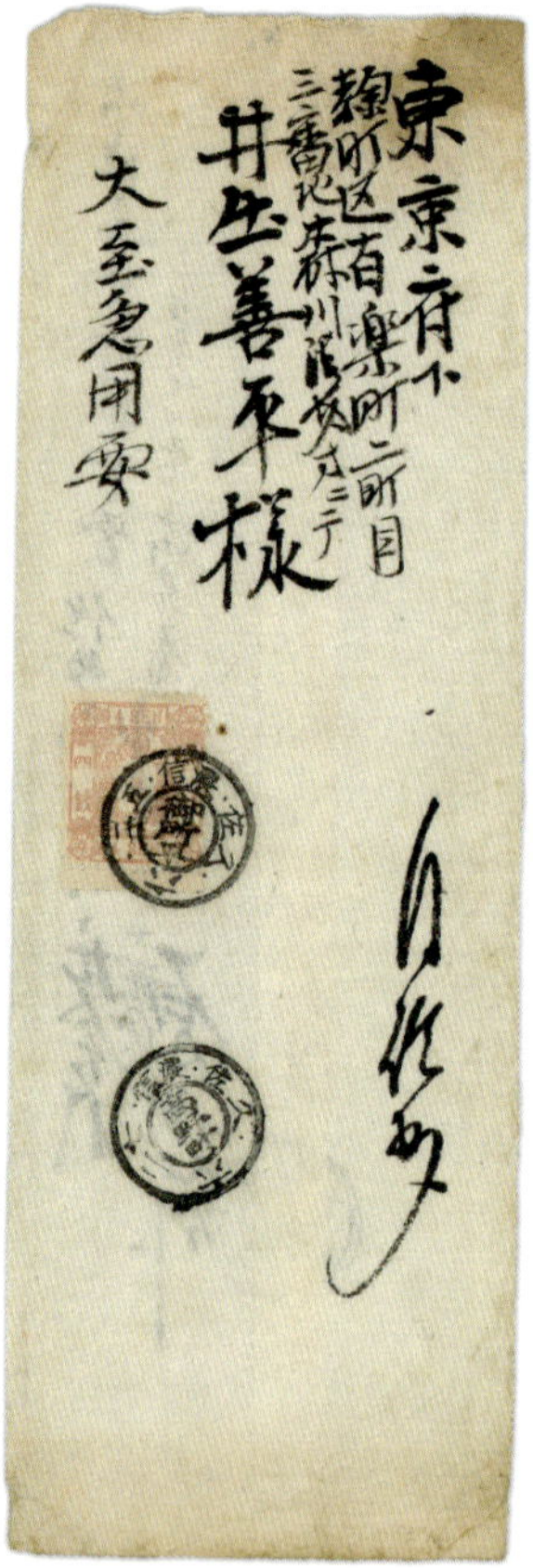

### 御所平局

明治12年6月25日 御所平↓6月27日 高野町↓6月30日 東京

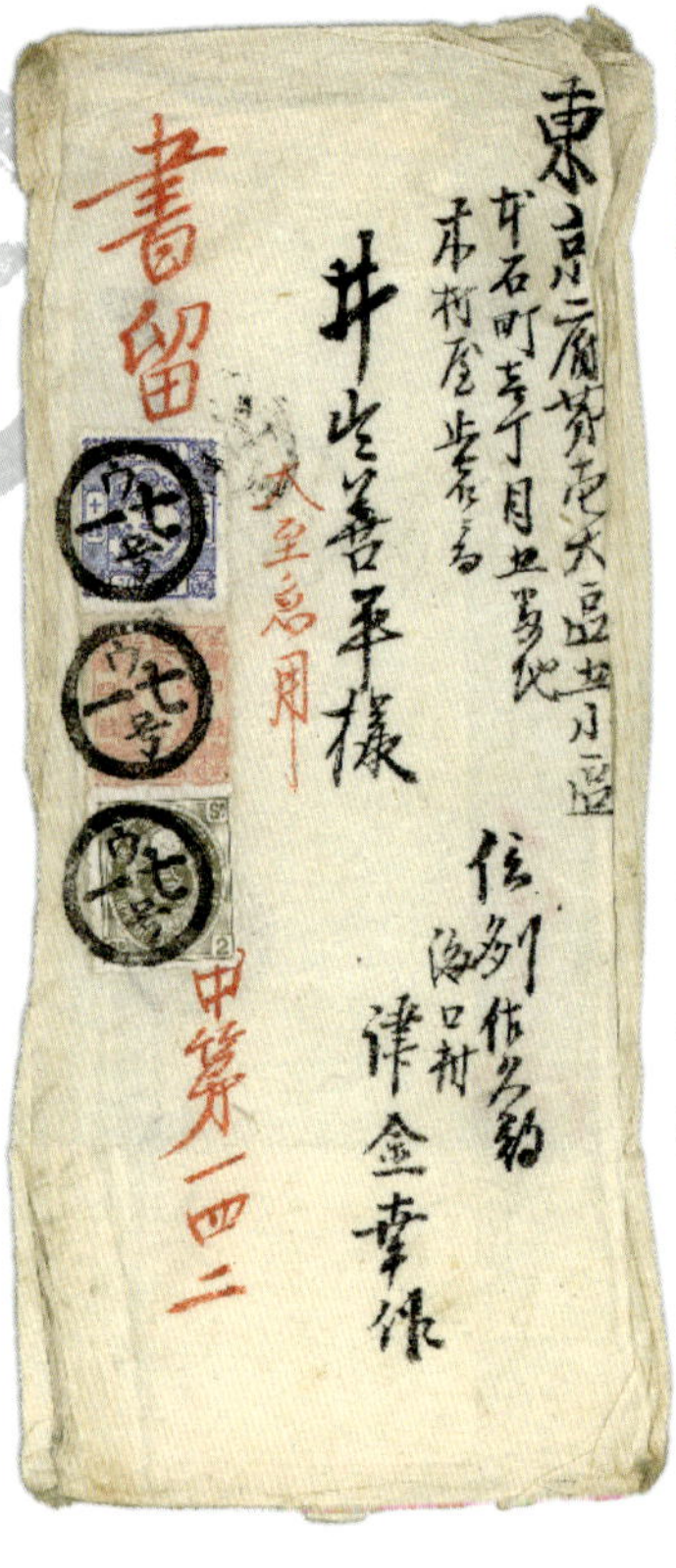

### 岩村田局

明治10年5月16日 岩村田（記番印ウ一七号）↓5月18日 東京

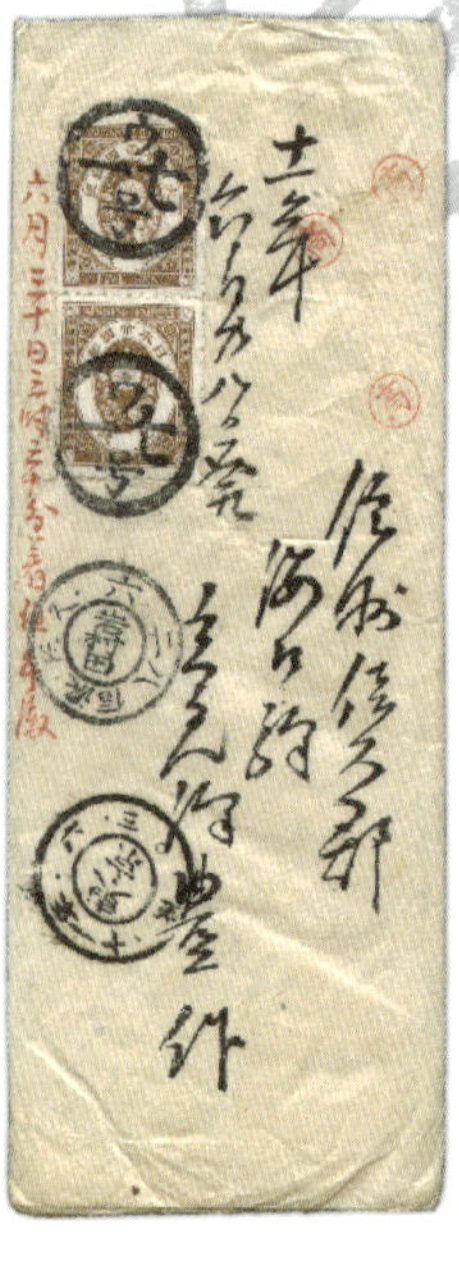

明治11年6月28日 岩村田↓6月30日 東京

## 小諸局

明治10年5月29日 小諸（記番印ウ一五）↓5月31日 東京

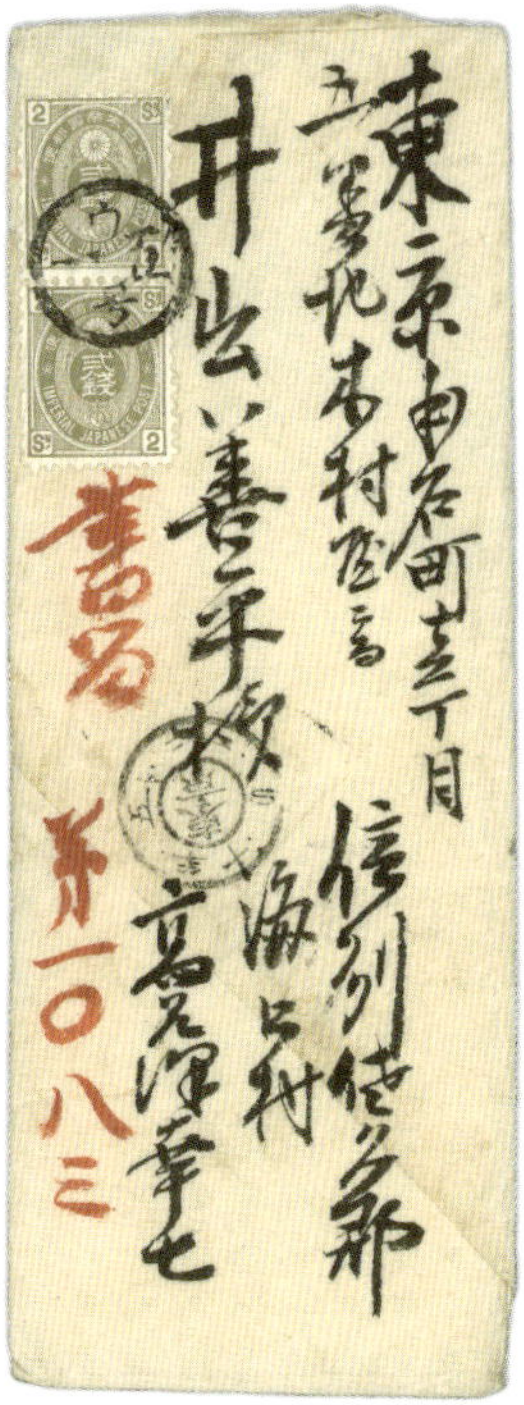

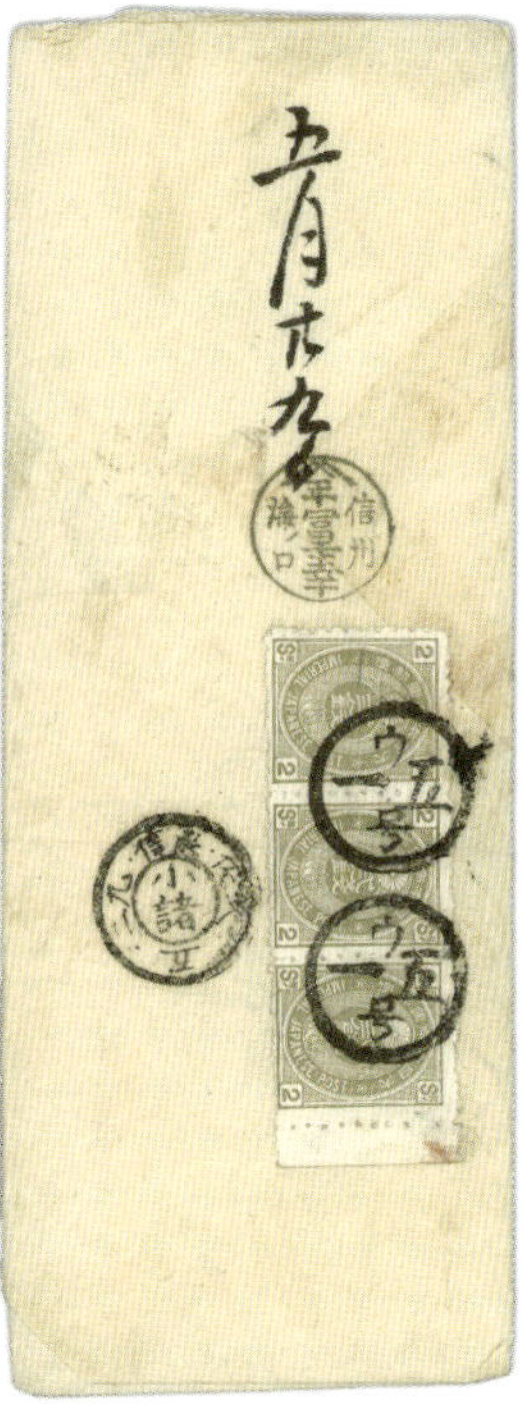

## 臼田局

明治16年10月12日 臼田↓10月13日 海ノ口

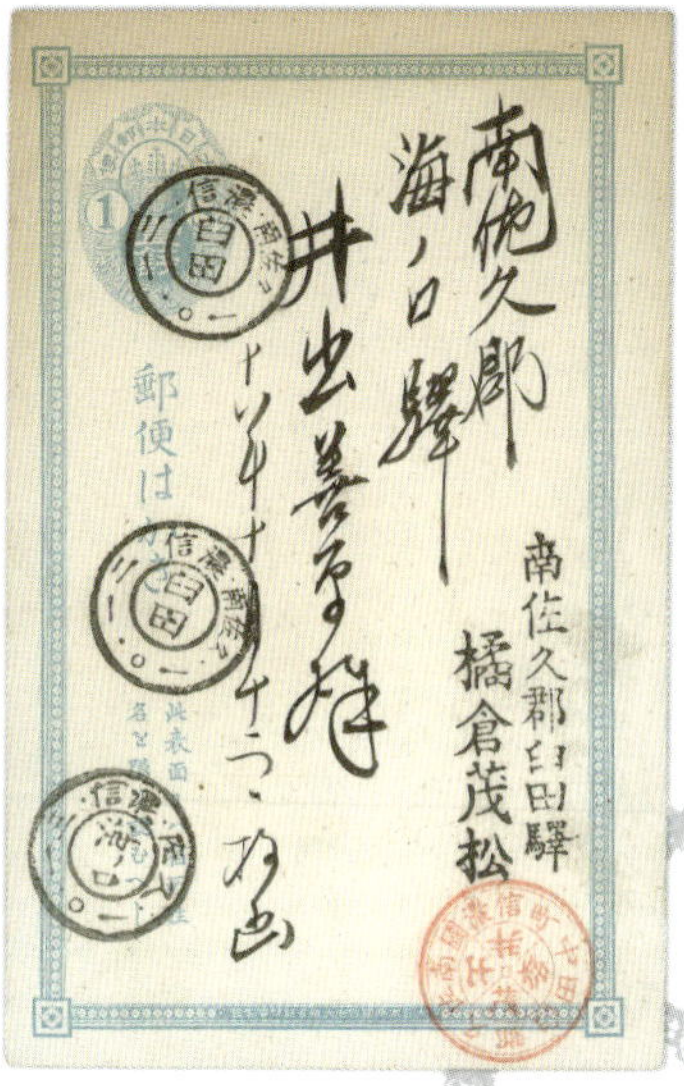

## 追分局

明治21年7月10日 追分↓7月11日 海ノ口

## 長倉ノ内沓掛局

明治17年11月15日 長倉ノ内沓掛↓海ノ口（着印なし）

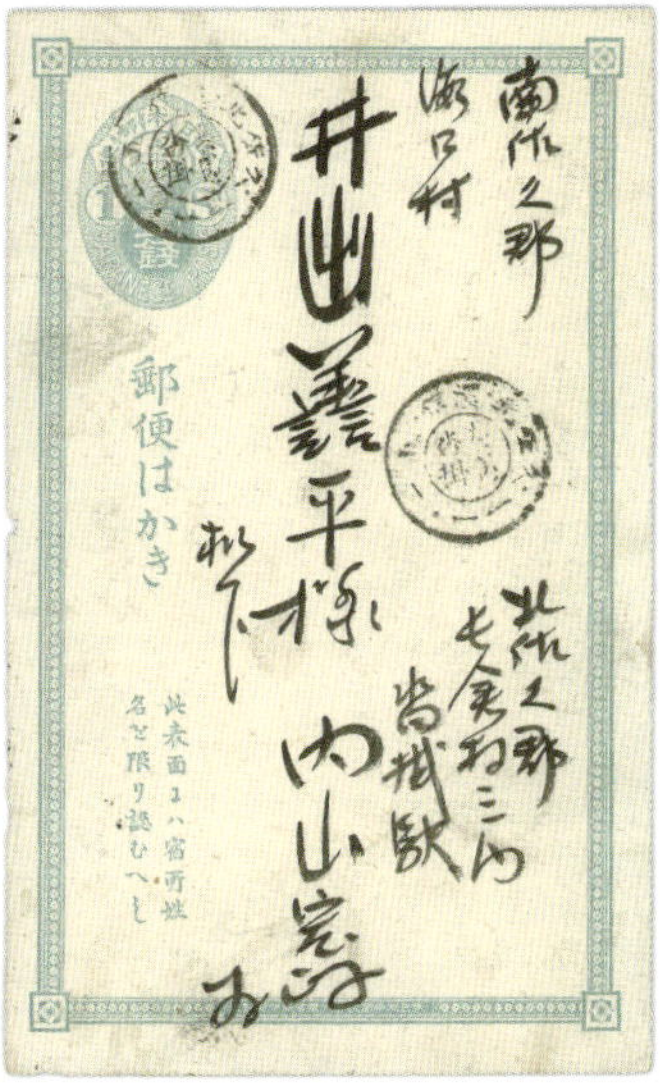

## 上田局［小縣郡］

明治10年5月31日 上田（ウ一六号）↓6月3日 東京

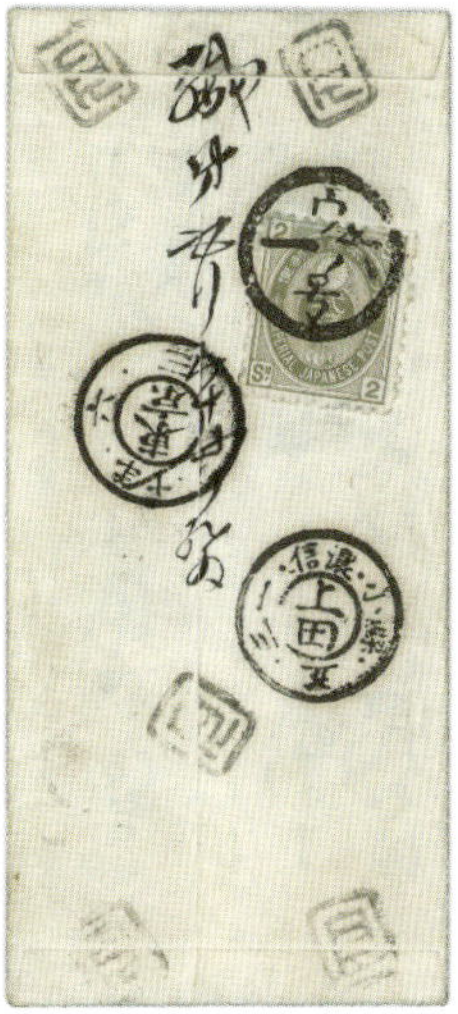

## 佐久の郵便局

岩村田郵便局

野澤郵便局

田ノ口郵便局

海ノ口郵便局

小諸郵便局

軽井澤郵便局

# 郵便線路図に見る佐久の郵便局改廃事情

郵便線路図を見ることで郵便局の改廃がよくわかることは間違いない。その詳細は、各年代線路図の右頁に関連局を記してあるので、それを参照していただくとして、ここでは、郵便局の改廃とは切っても切れない郵便線路の変遷に触れてみたい。

基本的には、鉄道が通じる前と後では大きな変化が起こる。それは、鉄道ができると停車場近くの沿線局は、たとえ隣同士の局であっても大部分が鉄道逓送になってしまうことである。例えば明治18年と28年を比べると、田中局と上田局の逓送方法が全く変更されている。

残念ながら今回の海ノ口郵便局は、小海線が開通するまでは鉄道沿線局ではないので、ここでは、海ノ口を含む郵便線路は、どこを経由して東西南北の外部へ繋がっているのかに注目してみよう。基本的には岩村田局を中心にしてみる。

明治8年、18年共に北は岩村田を経由して後の信越線とつながる。もう一つ、野沢局を経由して東へとつながっている。南へは津金局経由で山梨・甲州街道へとつながっている。

ところが28年には信越線が全通しているので、これにより先ほど述べたような変化が起こっている。この他に岩村田局と小諸局の直接の逓送方法が無くなり、岩村田局から御代田停車場・小諸停車場経由での逓送になる。

筆者の手持ちに23年4月調の郵便線路図があるが、ここでは基本的に28年にほぼ同じであるから、28年の逓送方法は既に明治23年4月には完成していたことになる。

明治38年4月調では、さらに大きな変化が起こっている。東へ向かうルートが一本増えて、臼田局経由がある。また、明治34年の御代田局の開局により、御代田局が御代田停車場の沿線局となり、岩村田からは御代田局経由で鉄道に乗せられている。

ところで筆者の手持ちの34年4月調では、ちょうど御代田局の開局直後であるが、岩村田からは三本のルートがある。まず御代田局へのルートと、御代田停車場への直接逓送ルート、さらに小諸局への逓送ルートである。さらに、野沢―本宿ルートも、田ノ口―砥沢ルートも掲載されていなかった。これらは34年以後にできたルートになる。

次いで大正4年では、山梨ルートとでもいうべき南下ルートが無くなっている。同様に東側へ陸路で行くルートもなくなっている。この図で岩村田局はどこともつながっていないが、これは間違いであろう。筆者の手持ちの大正2年11月調では、岩村田局から御代田停車場に逓送路があるので、おそらく大正4年も同様だったのではないかと思われる。

これ以後の大きな変化は小海線の開通である。

長野郵便局管内郵便線路図　明治8年調

※p62～75は長野郵便局「長野県通信沿革誌」(大正5年刊・郵政博物館蔵)を基本資料としています。

**【佐久郡】**

**軽井澤《かるいざわ》**　M.5.9.24. 郵便取扱所新設　**M.8.1.1. 五等郵便局**　M.17.8.15. 廃止　M.21.12.1. 三等郵便局（再置）➡p 68

**沓掛《くつかけ》**　M.5.9.24. 郵便取扱所新設　**M.8.1.1. 五等郵便局**　M.9.9.1. 長倉ノ内沓掛（改称）　M.18.11.30. 廃止
M.18.12.1. 沓掛（新設）➡p 66（郵便線路図外❶）

**追分《おいわけ》**　M.5.7.1. 四等郵便取扱所新設　**M.8.1.1. 四等郵便局**　M.19.5.25. 三等郵便局　M.33.9.30. 廃止

**小諸《こもろ》**　M.5.7.1. 四等郵便取扱所新設　**M.8.1.1. 四等郵便局**　M.19.5.25. 三等郵便局　M.22.9.21. 三等郵便電信局
M.36.4.1. 三等郵便局　S.16.2.1. 特定郵便局　S.21.3.6. 普通郵便局

**羽毛山《はけやま》**　M.7.3.1. 郵便取扱所新設　**M.8.1.1. 五等郵便局**　M.13.4.15. 廃止

**岩村田《いわむらだ》**　M.5.7.1. 郵便取扱所新設　**M.8.1.1. 五等郵便局**　M.9.-.-. 四等郵便局　M.19.5.25. 三等郵便局
M.22.11.16. 三等郵便電信局　M.36.4.1. 三等郵便局　S.16.2.1. 特定郵便局　S.24.3.16. 普通郵便局

**小田井《おたい》**　M.5.9.1. 郵便取扱所新設　**M.8.1.1. 五等郵便局**　M.9.-.-. 御代田ノ内小田井（改称）　M.18.11.30. 廃止
M.18.12.1. 御代田ノ内小田井（新設）➡p 66（郵便線路図外❶）

**横根《よこね》**　M.7.3.1. 郵便取扱所新設　**M.8.1.1. 五等郵便局**　M.17.8.15. 廃止

**香坂《こうさか》**　M.7.3.1. 郵便取扱所新設　**M.8.1.1. 五等郵便局**　M.12.3.18. 廃止

**塩名田《しおなだ》**　M.5.9.24. 郵便取扱所新設　**M.8.1.1. 五等郵便局**　M.18.11.30. 廃止　M.32.11.1. 再置 ➡p 70

**八幡《やわた》**　M.5.9.24. 郵便取扱所新設　**M.8.1.1. 五等郵便局**　M.18.11.30. 廃止　M.18.12.1. 新設 ➡p 66（郵便線路図外❶）

**望月《もちづき》**　M.5.9.1. 郵便取扱所新設　**M.8.1.1. 五等郵便局**　M.19.5.25. 三等郵便局　M.30.3.26. 三等郵便電信局
M.36.4.1. 三等郵便局　S.16.2.1. 特定郵便局

**芦田《あした》**　M.5.9.1. 郵便取扱所新設　**M.8.1.1. 五等郵便局**　M.18.11.30. 廃止　M.18.12.1. 新設 ➡p 66（郵便線路図外❶）

**入布施《いりぶせ》**　M.7.3.1. 郵便取扱所新設　**M.8.1.1. 五等郵便局**　M.17.8.15. 廃止

**下縣《しもがた》**　M.7.3.1. 郵便取扱所新設　**M.8.1.1. 五等郵便局**　M.9.8.-. 伴野（改称）➡p 68（郵便線路図外❷）

**野澤《のざわ》**　M.7.3.1. 郵便取扱所新設　**M.8.1.1. 五等郵便局**　M.12.2.8. 四等郵便局　M.19.5.25. 三等郵便局
M.26.2.1. 三等郵便電信局　M.36.4.1. 三等郵便局　S.16.2.1 特定郵便局　S.40.6.16. 普通郵便局
H.104.6. 佐久（移転改称）

**平賀《ひらか》**　M.7.3.1. 郵便取扱所新設　**M.8.1.1. 五等郵便局**　M.17.8.15. 廃止　M.36.12.10. 再置 ➡p 70

**内山《うちやま》**　M.7.1.2. 郵便取扱所新設　**M.8.1.1. 五等郵便局**　M.18.11.30. 廃止　M.37.12.20. 再置 ➡p 70

**田野口《たのくち》**　M.7.3.1. 郵便取扱所新設　**M.8.1.1. 五等郵便局**　M.14.5.20 田口村ノ内田野口（改称）　M.18.11.30 廃止
M.18.12.1. 田野口（新設）➡p 68（郵便線路図外❷）

**高野町《たかのまち》**　M.7.3.1. 郵便取扱所新設　**M.8.1.1. 五等郵便局**　M.19.5.25. 三等郵便局　S.16.2.1 特定郵便局
S.19.3.12. 集配廃止（引継：佐久）

**下海瀬《しもかいぜ》**　M.7.3.1. 郵便取扱所新設　**M.8.1.1. 五等郵便局**　年月日不明 海瀬（改称）　M13.4.15. 廃止

**馬流《まながし》**　M.7.3.1. 郵便取扱所新設　**M.8.1.1. 五等郵便局**　M.10.-.-. 豊里ノ内馬流（改称）　M.18.12.1. 海尻（移転改称）➡p 66

**小海《こうみ》**　M.7.3.1. 郵便取扱所新設　**M.8.1.1. 五等郵便局**　M.18.11.30. 廃止

**海ノ口《うみのくち》**　M.7.3.1. 郵便取扱所新設　**M.8.1.1. 五等郵便局**　M.19.5.25. 三等郵便局　S.16.2.1. 特定郵便局

**平澤《ひらさわ》**　M.7.3.1. 郵便取扱所新設　**M.8.1.1. 五等郵便局**　M.19.5.25. 三等郵便局　M.34.2.1. 川上（移転改称）

**御所平《ごしょだいら》**　M.7.3.1. 郵便取扱所新設　**M.8.1.1. 五等郵便局**　M.18.11.30. 廃止

※M.明治　T.大正　S.昭和　H.平成

## 長野郵便局管内郵便線路図（佐久郡　部分）　明治８年調

明治８年調 凡例

**【北佐久郡】** ※明治12年（1879）1月4日、佐久郡は北佐久郡と南佐久郡に分割発足

**軽井澤**《かるいざわ》 M.21.12.1. 三等郵便局再置　M.30.8.21. 三等郵便電信局　M.36.4.1. 三等郵便局　M.44.7.11. 二等郵便局
S.16.2.1. 普通郵便局

**追　分**《おいわけ》 M.5.7.1. 四等郵便取扱所新設　**M.8.1.1. 四等郵便局**　M.19.5.25. 三等郵便局　M.33.9.30. 廃止

**小　諸**《こもろ》 M.5.7.1. 四等郵便取扱所新設　**M.8.1.1. 四等郵便局**　M.19.5.25. 三等郵便局　M.22.9.21. 三等郵便電信局
M.36.4.1. 三等郵便局　S.16.2.1. 特定郵便局　S.21.3.6. 普通郵便局

**岩村田**《いわむらだ》 M.5.7.1. 郵便取扱所新設　M.8.1.1. 五等郵便局　**M.9.-.-. 四等郵便局**　M.19.5.25. 三等郵便局
M.22.11.16. 三等郵便電信局　M.36.4.1. 三等郵便局　S.16.2.1. 特定郵便局　S.24.3.16. 普通郵便局

**望　月**《もちづき》 M.5.9.1. 郵便取扱所新設　**M.8.1.1. 五等郵便局**　M.19.5.25. 三等郵便局　M.30.3.26. 三等郵便電信局
M.36.4.1. 三等郵便局　S.16.2.1. 特定郵便局

**【南佐久郡】**

**野　澤**《のざわ》 M.7.3.1. 郵便取扱所新設　M.8.1.1. 五等郵便局　**M.12.2.8. 四等郵便局**　M.19.5.25. 三等郵便局
M.26.2.1. 三等郵便電信局　M.36.4.1. 三等郵便局　S.16.2.1 特定郵便局　S.40.6.16. 普通郵便局
H.104.6. 佐久（移転改称）

**臼　田**《うすだ》 M.12.2.16. 五等郵便局新設　**M.14.4.20. 四等郵便局**　M.19.5.25. 三等郵便局　M.22.2.16. 三等郵便電信局
M.36.4.1. 三等郵便局　S.16.2.1. 特定郵便局　H.19.3.12. 集配廃止（引継：佐久）

**高野町**《たかのまち》 M.7.3.1. 郵便取扱所新設　**M.8.1.1. 五等郵便局**　M.19.5.25. 三等郵便局　S.16.2.1 特定郵便局
S.19.3.12. 集配廃止（引継：佐久）

**海　尻**《うみじり》 M.18.12.1. **豊里ノ内馬流から移転改称**　M.19.5.25. 三等郵便局　M.24.1.1. 豊里（移転改称）➡ p 68

**海ノ口**《うみのくち》 M.7.3.1. 郵便取扱所新設　**M.8.1.1. 五等郵便局**　M.19.5.25. 三等郵便局　S.16.2.1. 特定郵便局

**平　澤**《ひらさわ》 M.7.3.1. 郵便取扱所新設　**M.8.1.1. 五等郵便局**　M.19.5.25. 三等郵便局　M.34.2.1. 川上（移転改称）

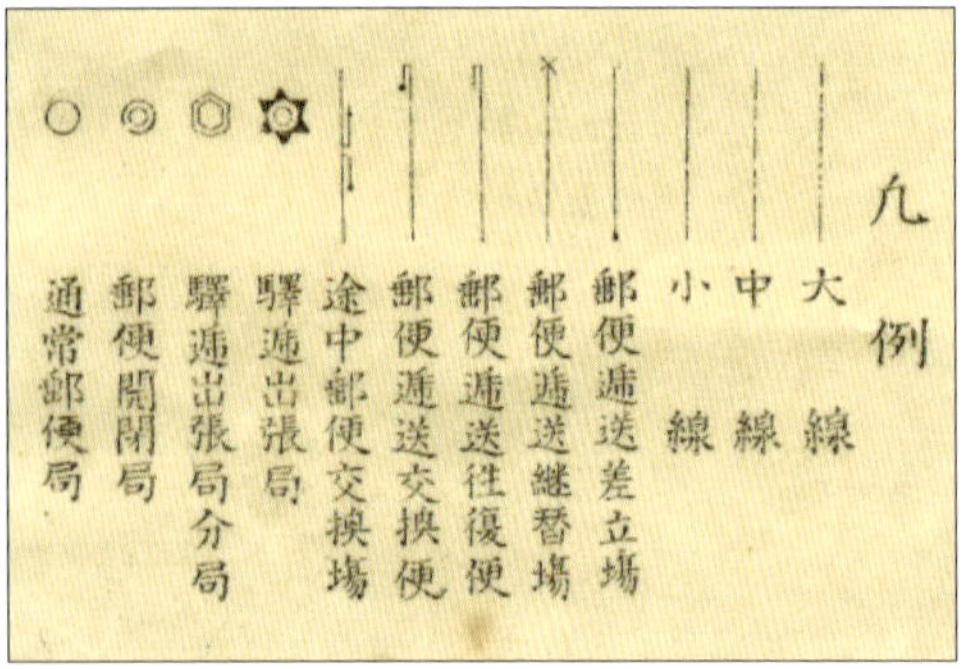


明治18年調　凡例

**【郵便線路図外の郵便局改廃 ❶　北佐久郡】**

**志　賀**《しが》 M.12.3.19. 五等郵便局新設　M.18.11.30. 廃止
M.35.11.16. 再置 ➡ p 70

**下ノ城**《しものじょう》 M.13.4.16 五等郵便局新設　M.17.8.15. 廃止

**馬瀬口**《ませぐち》 M.13.4.16. 五等郵便局新設　M.18.11.30. 廃止

**小諸与良町**《こもろよらまち》 M.15.3.16. 郵便受取所新設　M.27.7.31. 廃止

**沓　掛**《くつかけ》 M.18.12.1. 郵便受取所新設　M.21.4.30. 廃止
M.43.5.6. 三等郵便局（再置）➡ p 72

**御代田ノ内小田井**《みよたのうちおたい》 M.18.12.1. 郵便受取所新設　M.21.4.30. 廃止
M.34.2.1. 御代田（再置）➡ p 70

**芦　田**《あした》 M.18.12.1. 郵便受取所新設　M.21.4.30. 廃止
M.39.3.26. 再置 ➡ p 72

**八　幡**《やわた》 M.18.12.1. 郵便受取所新設　M.21.4.30. 廃止
M.41.2.1. 南御牧（再置）➡ p 72

**新軽井澤**《しんかるいざわ》 M.35.3.10. 郵便受取書新設　M.38.4.1. 三等郵便局
MT.14.11.1. 軽井沢駅前（改称）　S.16.2.1. 特定郵便局

長野郵便局管内郵便線路図（北佐久郡・南佐久郡　部分）　明治 18 年 12 月 1 日調

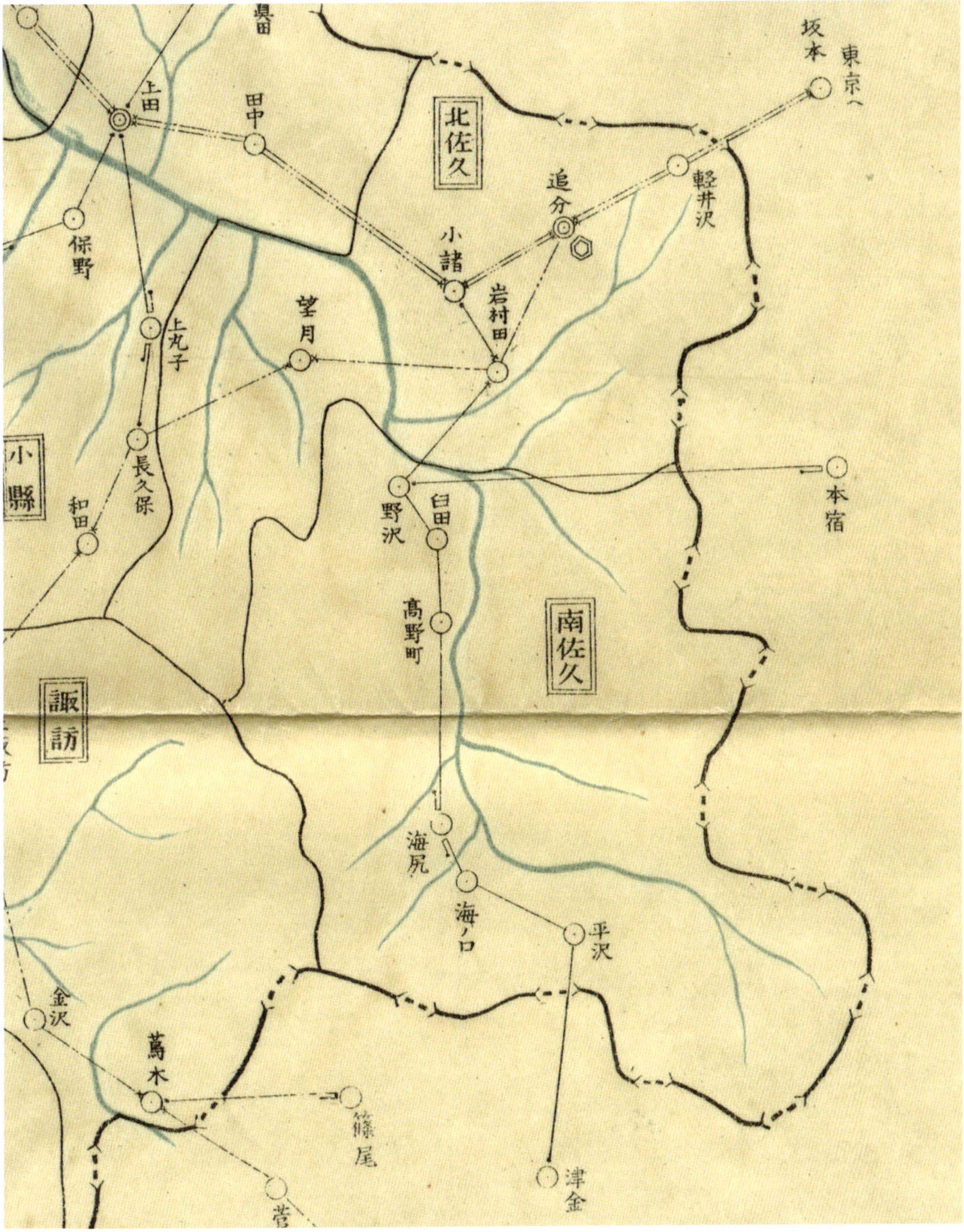

## 【北佐久郡】

軽井澤《かるいざわ》　**M.21.12.1. 三等郵便局再置**　M.30.8.21. 三等郵便電信局　M.36.4.1. 三等郵便局　M.44.7.11. 二等郵便局
S.16.2.1. 普通郵便局

小《こ》　諸《もろ》　M.5.7.1. 四等郵便取扱所新設　M.8.1.1. 四等郵便局　M.19.5.25. 三等郵便局　**M.22.9.21. 三等郵便電信局**
M.36.4.1. 三等郵便局　S.16.2.1. 特定郵便局　S.21.3.6. 普通郵便局

岩村田《いわむらだ》　M.5.7.1. 郵便取扱所新設　M.8.1.1. 五等郵便局　M.9.-.-. 四等郵便局　M.19.5.25. 三等郵便局
**M.22.11.16. 三等郵便電信局**　M.36.4.1. 三等郵便局　S.16.2.1. 特定郵便局　S.24.3.16. 普通郵便局

望《もち》　月《づき》　M.5.9.1. 郵便取扱所新設　M.8.1.1. 五等郵便局　**M.19.5.25. 三等郵便局**　M.30.3.26. 三等郵便電信局
M.36.4.1. 三等郵便局　S.16.2.1. 特定郵便局

## 【南佐久郡】

野《の》　澤《ざわ》　M.7.3.1. 郵便取扱所新設　M.8.1.1. 五等郵便局　M.12.2.8. 四等郵便局　M.19.5.25. 三等郵便局
**M.26.2.1. 三等郵便電信局**　M.36.4.1. 三等郵便局　S.16.2.1 特定郵便局　S.40.6.16. 普通郵便局
H.104.6. 佐久（移転改称）

臼《うす》　田《だ》　M.12.2.16. 五等郵便局新設　M.14.4.20. 四等郵便局　M.19.5.25. 三等郵便局　**M.22.2.16. 三等郵便電信局**
M.36.4.1. 三等郵便局　S.16.2.1. 特定郵便局　H.19.3.12. 集配廃止（引継：佐久）

高野町《たかのまち》　M.7.3.1. 郵便取扱所新設　M.8.1.1. 五等郵便局　**M.19.5.25. 三等郵便局**　S.16.2.1 特定郵便局
S.19.3.12. 集配廃止（引継：佐久）

豊《とよ》　里《さと》　**M.24.1.1. 海尻から移転改称**　S.16.2.1. 特定郵便局　S.25.4.1. 北牧（改称）

海ノ口《うみのくち》　M.7.3.1. 郵便取扱所新設　M.8.1.1. 五等郵便局　**M.19.5.25. 三等郵便局**　S.16.2.1. 特定郵便局

平《ひら》　澤《さわ》　M.7.3.1. 郵便取扱所新設　M.8.1.1. 五等郵便局　**M.19.5.25. 三等郵便局**　M.34.2.1. 川上（移転改称）➡ p70

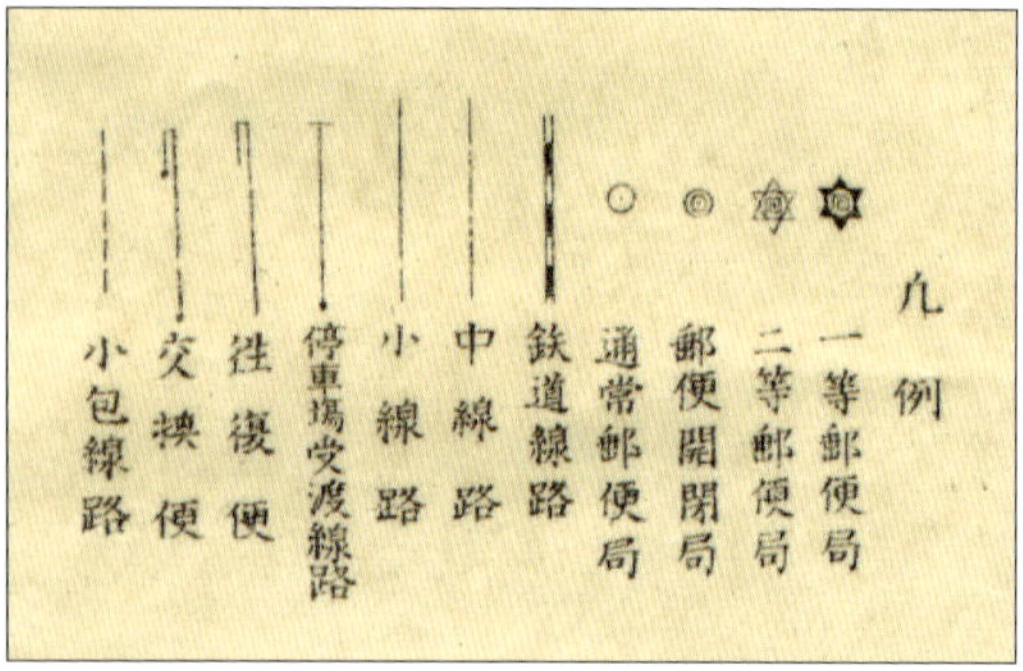


明治28年調 凡例

## 【郵便線路図外の郵便局改廃 ❷ 南佐久郡】

伴《とも》　野《の》　M.9.8.-. 下縣から改称　M.17.8.6. 廃止
M.39.3.23. 岸野（新設）➡ p 72

大日向《おおひなた》　M.13.4.16. 五等郵便局新設　M.18.11.30. 廃止

穂《ほ》　積《づみ》　M.16.7.1. 五等郵便局新設　M.17.8.15. 廃止

田野口《たのくち》　M.18.12.1. 郵便受取所新設　M.21.4.30. 廃止
M.29.7.1. 郵便受取所（田ノ口）再置　M.34.1.31. 廃止
M.34.2.1. 田ノ口（再置）➡ p 70

中《なか》　込《ごみ》　M.43.3.31. 三等郵便局新設　S.16.2.1. 特定郵便局

長野郵便局管内郵便線路図（北佐久郡・南佐久郡 部分） 明治 28 年4月1日調

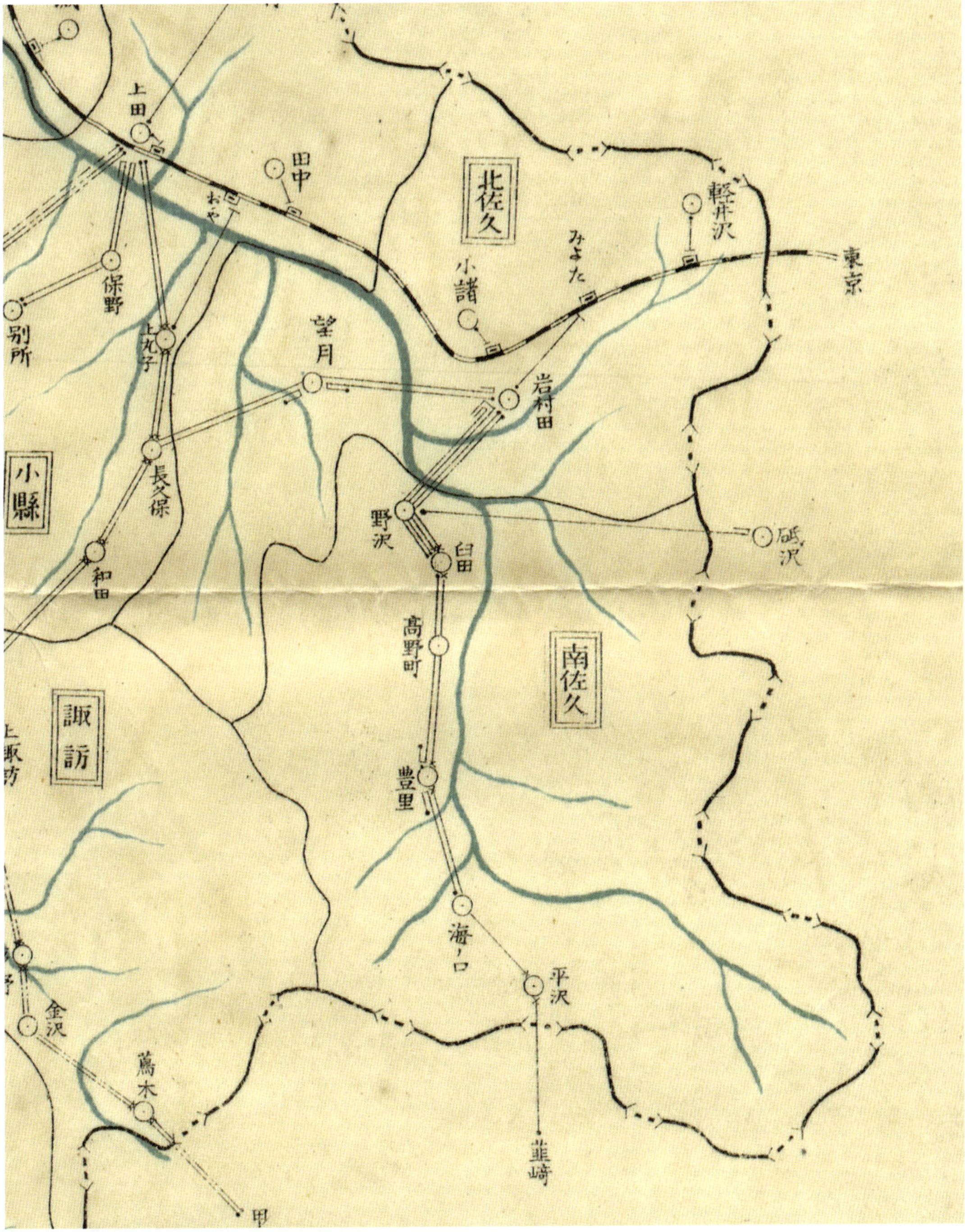

## 【北佐久郡】

軽井澤《かるいざわ》　M.21.12.1. 三等郵便局再置　M.30.8.21. 三等郵便電信局　**M.36.4.1. 三等郵便局**　M.44.7.11. 二等郵便局　S.16.2.1. 普通郵便局

御代田《みよた》　**M.34.2.1. 三等郵便局再置**　S.16.2.1. 特定郵便局　H.19.3.12. 集配廃止（引継：小諸）

小諸《こもろ》　M.5.7.1. 四等郵便取扱所新設　M.8.1.1. 四等郵便局　M.19.5.25. 三等郵便局　M.22.9.21. 三等郵便電信局　**M.36.4.1. 三等郵便局**　S.16.2.1. 特定郵便局　S.21.3.6. 普通郵便局

岩村田《いわむらだ》　M.5.7.1. 郵便取扱所新設　M.8.1.1. 五等郵便局　M.9.-.-. 四等郵便局　M.19.5.25. 三等郵便局　M.22.11.16. 三等郵便電信局　**M.36.4.1. 三等郵便局**　S.16.2.1. 特定郵便局　S.24.3.16. 普通郵便局

志賀《しが》　M.35.11.16. 郵便受取所再置　**M.38.4.1. 三等無集局**　S.11.11.1. 集配廃止（引継：岩村田）　S.16.2.1. 特定無集局

塩名田《しおなだ》　M.32.11.1. 三等郵便局再置　M.36.1.26. 三等郵便電信局　**M.36.4.1. 三等郵便局**　S.16.2.1. 特定郵便局　S.34.4.1. 浅科（改称）

中佐都《なかさと》　M.35.11.16. 平塚郵便受取所新設　**M.38.4.1. 三等無集局**　M.39.1.1. 中佐都（改称）　S.16.2.1. 特定無集局

望月《もちづき》　M.5.9.1. 郵便取扱所新設　M.8.1.1. 五等郵便局　M.19.5.25. 三等郵便局　M.30.3.26. 三等郵便電信局　**M.36.4.1. 三等郵便局**　S.16.2.1. 特定郵便局

## 【南佐久郡】

野澤《のざわ》　M.7.3.1. 郵便取扱所新設　M.8.1.1. 五等郵便局　M.12.2.8. 四等郵便局　M.19.5.25. 三等郵便局　M.26.2.1. 三等郵便電信局　**M.36.4.1. 三等郵便局**　S.16.2.1 特定郵便局　S.40.6.16. 普通郵便局　H.104.6. 佐久（移転改称）

平賀《ひらか》　M.36.12.10. 郵便受取所再置　**M.38.4.1. 三等無集局**　S.16.2.1. 特定郵便局

内山《うちやま》　**M.37.12.20. 三等郵便局再置**　M.45.6.25. 集配廃止（引継：志賀）　S.16.2.1. 特定郵便局

臼田《うすだ》　M.12.2.16. 五等郵便局新設　M.14.4.20. 四等郵便局　M.19.5.25. 三等郵便局　M.22.2.16. 三等郵便電信局　**M.36.4.1. 三等郵便局**　S.16.2.1. 特定郵便局　H.19.3.12. 集配廃止（引継：佐久）

田ノ口《たのくち》　**M.34.2.1. 三等郵便局再置**　S.16.12.5. 特定郵便局　H.6.12.5. 田口（改称）　H.19.3.12. 集配廃止（引継：佐久）

高野町《たかのまち》　M.7.3.1. 郵便取扱所新設　M.8.1.1. 五等郵便局　**M.19.5.25. 三等郵便局**　S.16.2.1 特定郵便局　S.19.3.12. 集配廃止（引継：佐久）

豊里《とよさと》　**M.24.1.1. 海尻から移転改称**　S.16.2.1. 特定郵便局　S.25.4.1. 北牧（改称）

南相木《みなみあいき》　**M.34.12.20. 三等郵便局新設**　S.16.2.1. 特定郵便局

海ノ口《うみのくち》　M.7.3.1. 郵便取扱所新設　M.8.1.1. 五等郵便局　**M.19.5.25. 三等郵便局**　S.16.2.1. 特定郵便局

川上《かわかみ》　**M.34.2.1. 平澤から移転改称**　S.16.2.1. 特定郵便局　H.19.3.12. 集配廃止（引継：海ノ口）

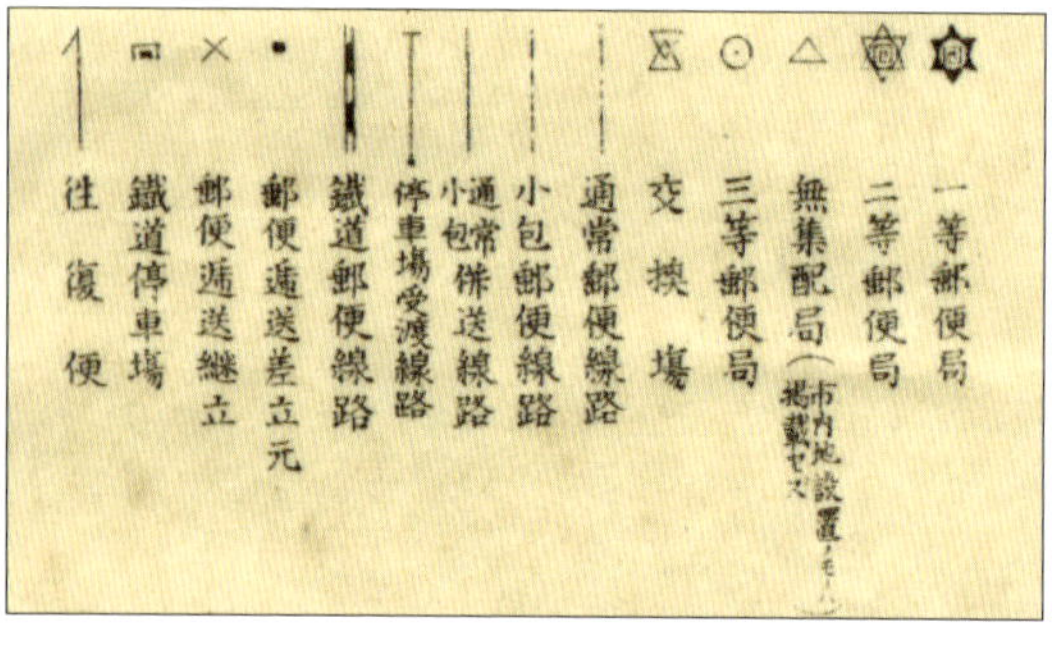


明治38年調　凡例

長野郵便局管内郵便線路図（北佐久郡・南佐久郡　部分）　明治 38 年 4 月 1 日調

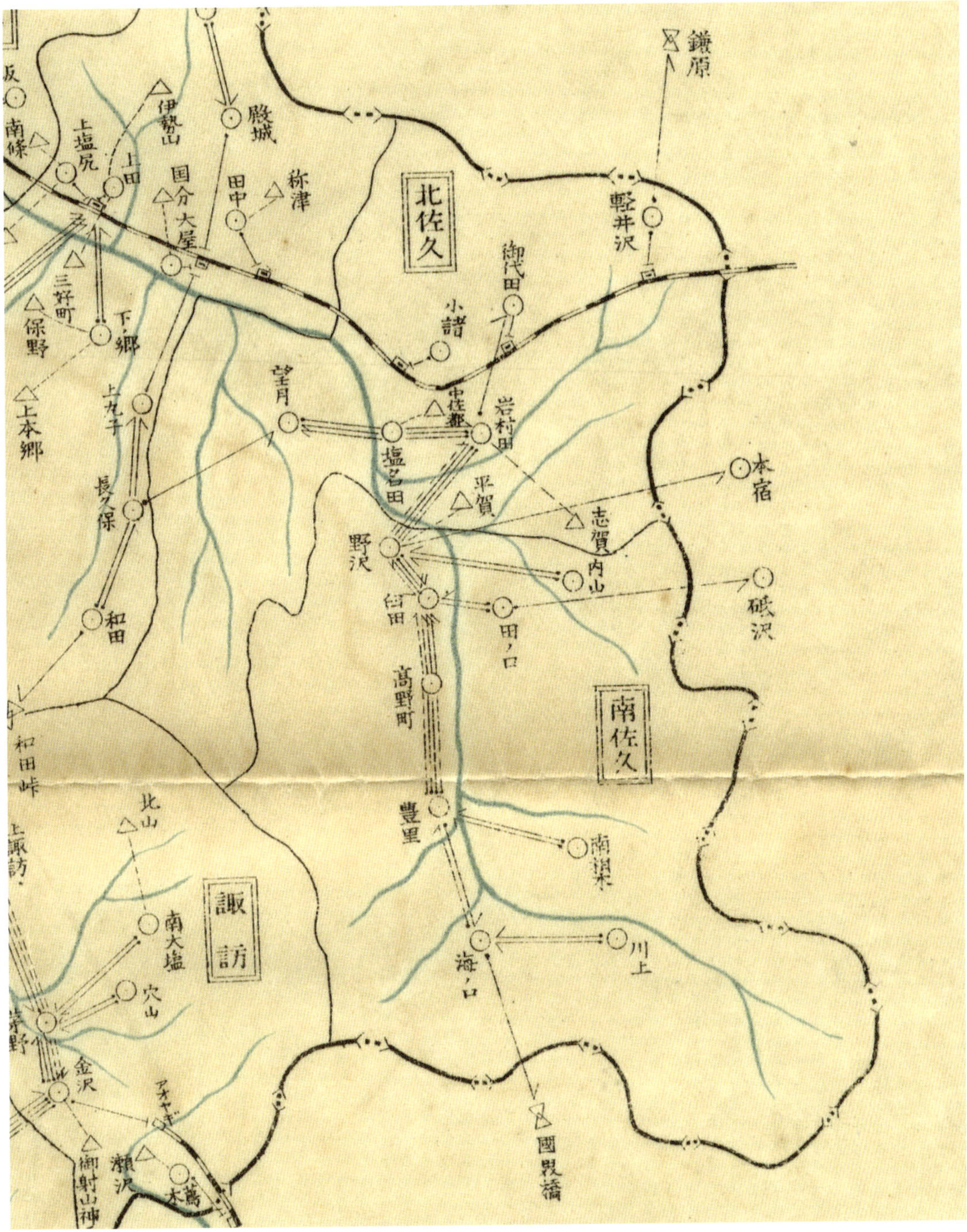

**【北佐久郡】**

軽井澤《かるいざわ》　M.21.12.1. 三等郵便局再置　M.30.8.21. 三等郵便電信局　M.36.4.1. 三等郵便局　**M.44.7.11. 二等郵便局**
S.16.2.1. 普通郵便局

沓掛《くつかけ》　**M.43.5.6. 三等郵便局再置　M.44.7.11. 集配開始**　T.13.6.30. 集配廃止（引継：軽井沢）　S.9.4.11. 軽井沢沓掛（改称）
S.06.2.1. 特定郵便局　S.36.5.6. 中軽井沢（改称）

御代田《みよた》　**M.34.2.1. 三等郵便局再置**　S.16.2.1. 特定郵便局　H.19.3.12. 集配廃止（引継：小諸）

小諸《こもろ》　M.5.7.1. 四等郵便取扱所設置　M.8.1.1. 四等郵便局　M.19.5.25. 三等郵便局　M.22.9.21. 三等郵便電信局
**M.36.4.1. 三等郵便局**　S.16.2.1. 特定郵便局　S.21.3.6. 普通郵便局

浅間山《あさまやま》　**M.42.7.11. 三等無集局設置**　M.44.5.6. / T.1.9.30. / T.2.7.23. 閉鎖　T.3.7.10. 休止　T.10.2.28. 廃止（引継：小諸）

岩村田《いわむらだ》　M.5.7.1. 郵便取扱所新設　M.8.1.1. 五等郵便局　M.9.-.-. 四等郵便局　M.19.5.25. 三等郵便局
M.22.11.16. 三等郵便電信局　**M.36.4.1. 三等郵便局**　S.16.2.1. 特定郵便局　S.24.3.16. 普通郵便局

志賀《しが》　M.35.11.16. 郵便受取所再置　**M.38.4.1. 三等無集局**　S.11.11.1. 集配廃止（引継：岩村田）　S.16.2.1. 特定無集局

塩名田《しおなだ》　M.32.11.1. 三等郵便局再置　M.36.1.26. 三等郵便電信局　**M.36.4.1. 三等郵便局**　S.16.2.1. 特定郵便局
S.34.4.1. 浅科（改称）

中佐都《なかさと》　M.35.11.16. 平塚郵便受取所新設　**M.38.4.1. 三等無集局　M.39.1.1. 中佐都（改称）**　S.16.2.1. 特定無集局

南御牧《みなみみまき》　**M.41.2.1. 三等無集局再置**　S.16.2.1. 特定無集局

望月《もちづき》　M.5.9.1. 郵便取扱所新設　M.8.1.1. 五等郵便局　M.19.5.25. 三等郵便局　M.30.3.26. 三等郵便電信局
**M.36.4.1. 三等郵便局**　S.16.2.1. 特定郵便局

北御牧《きたみまき》　**M.44.4.11. 三等郵便局新設**　S.16.2.1. 特定郵便局

芦田《あした》　**M.39.3.26. 三等郵便局再置**　S.16.2.1. 特定郵便局　S.59.9.17. 立科（改称）

春日《かすが》　**M.45.7.1. 三等無集局新設**　S.16.2.1. 特定無集局

**【南佐久郡】**

野澤《のざわ》　M.7.3.1. 郵便取扱所新設　M.8.1.1. 五等郵便局　M.12.2.8. 四等郵便局　M.19.5.25. 三等郵便局
M.26.2.1. 三等郵便電信局　**M.36.4.1. 三等郵便局**　S.16.2.1 特定郵便局　S.40.6.16. 普通郵便局　H.104.6. 佐久（移転改称）

平賀《ひらか》　M.36.12.10. 郵便受取所再置　**M.38.4.1. 三等無集局**　S.16.2.1. 特定郵便局

岸野《きしの》　**M.39.3.23. 三等無集局新設**　S.11.11.10. 集配開始　S.16.2.1. 特定郵便局　H.10.4.6. 集配廃止（引継：佐久）

内山《うちやま》　M.37.12.20. 三等郵便局再置　**M.45.6.25. 集配廃止（引継：志賀）**　S.16.2.1. 特定郵便局

臼田《うすだ》　M.12.2.16. 五等郵便局新設　M.14.4.20. 四等郵便局　M.19.5.25. 三等郵便局　M.22.2.16. 三等郵便電信局
**M.36.4.1. 三等郵便局**　S.16.2.1. 特定郵便局　H.19.3.12. 集配廃止（引継：佐久）

田ノ口《たのくち》　**M.34.2.1. 三等郵便局再置**　S.16.12.5. 特定郵便局　H.6.12.5. 田口（改称）　H.19.3.12. 集配廃止（引継：佐久）

高野町《たかのまち》　M.7.3.1. 郵便取扱所新設　M.8.1.1. 五等郵便局　**M.19.5.25. 三等郵便局**　S.16.2.1 特定郵便局
S.19.3.12. 集配廃止（引継：佐久）

畑八《はたや》　**M.41.2.1. 三等無集局新設**　T.7.3.1. 集配開始　S.16.2.1. 特定郵便局　S.32.4.21. 八千穂（改称）　H.18.3.27. 集配廃止
（引継：高野町）

豊里《とよさと》　**M.24.1.1. 海尻から移転改称**　S.16.2.1. 特定郵便局　S.25.4.1. 北牧（改称）

南相木《みなみあいき》　**M.34.12.20. 三等郵便局新設**　S.16.2.1. 特定郵便局

海ノ口《うみのくち》　M.7.3.1. 郵便取扱所新設　M.8.1.1. 五等郵便局　**M.19.5.25. 三等郵便局**　S.16.2.1. 特定郵便局

川上《かわかみ》　**M.34.2.1. 平澤から移転改称**　S.16.2.1. 特定郵便局　H.19.3.12. 集配廃止（引継：海ノ口）

## 長野郵便局管内郵便線路図（北佐久郡・南佐久郡　部分）　大正４年４月１日調

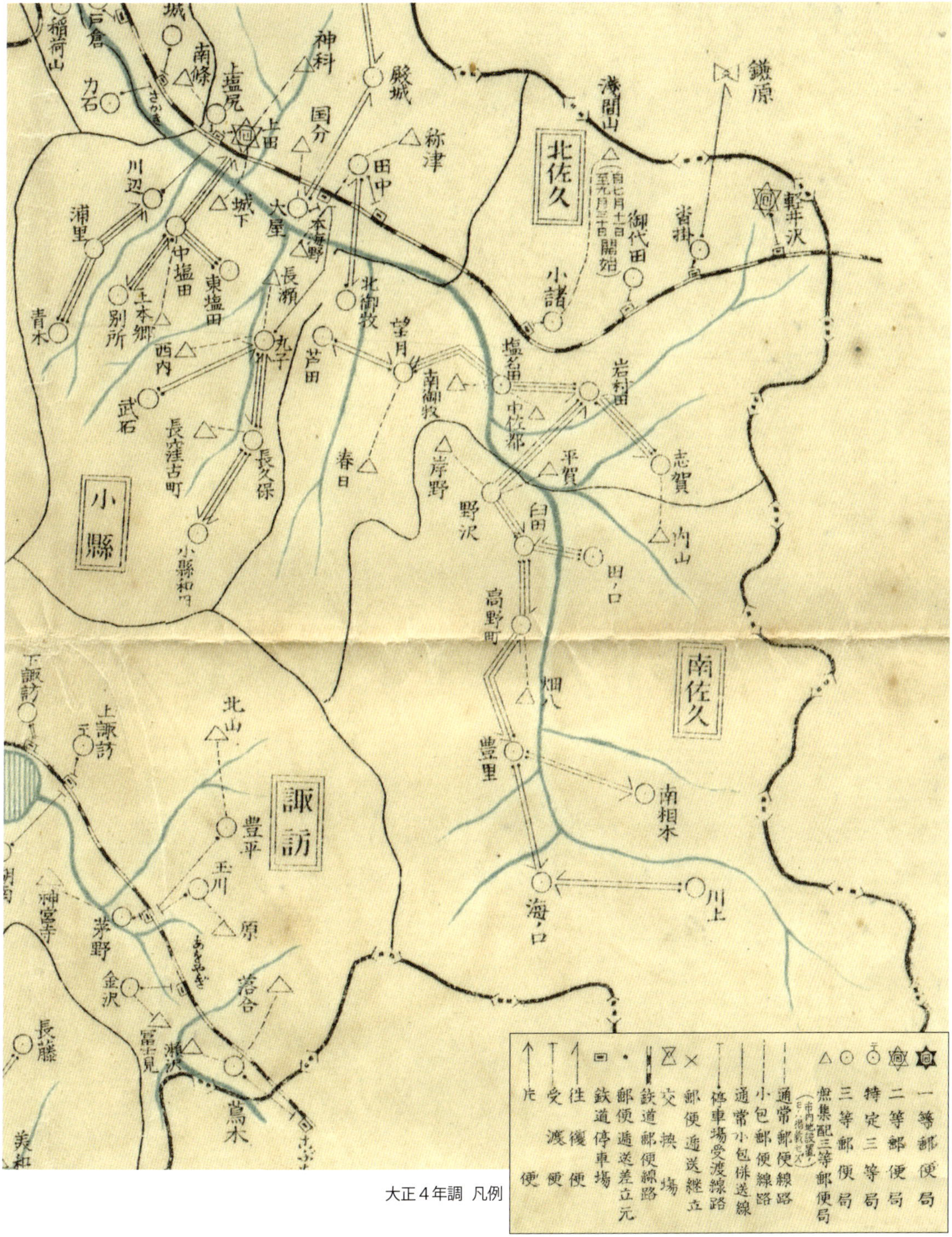


大正４年調 凡例

## 長野郵便局管内郵便線路図（佐久郡　部分）　昭和８年調　**小海線全通前**

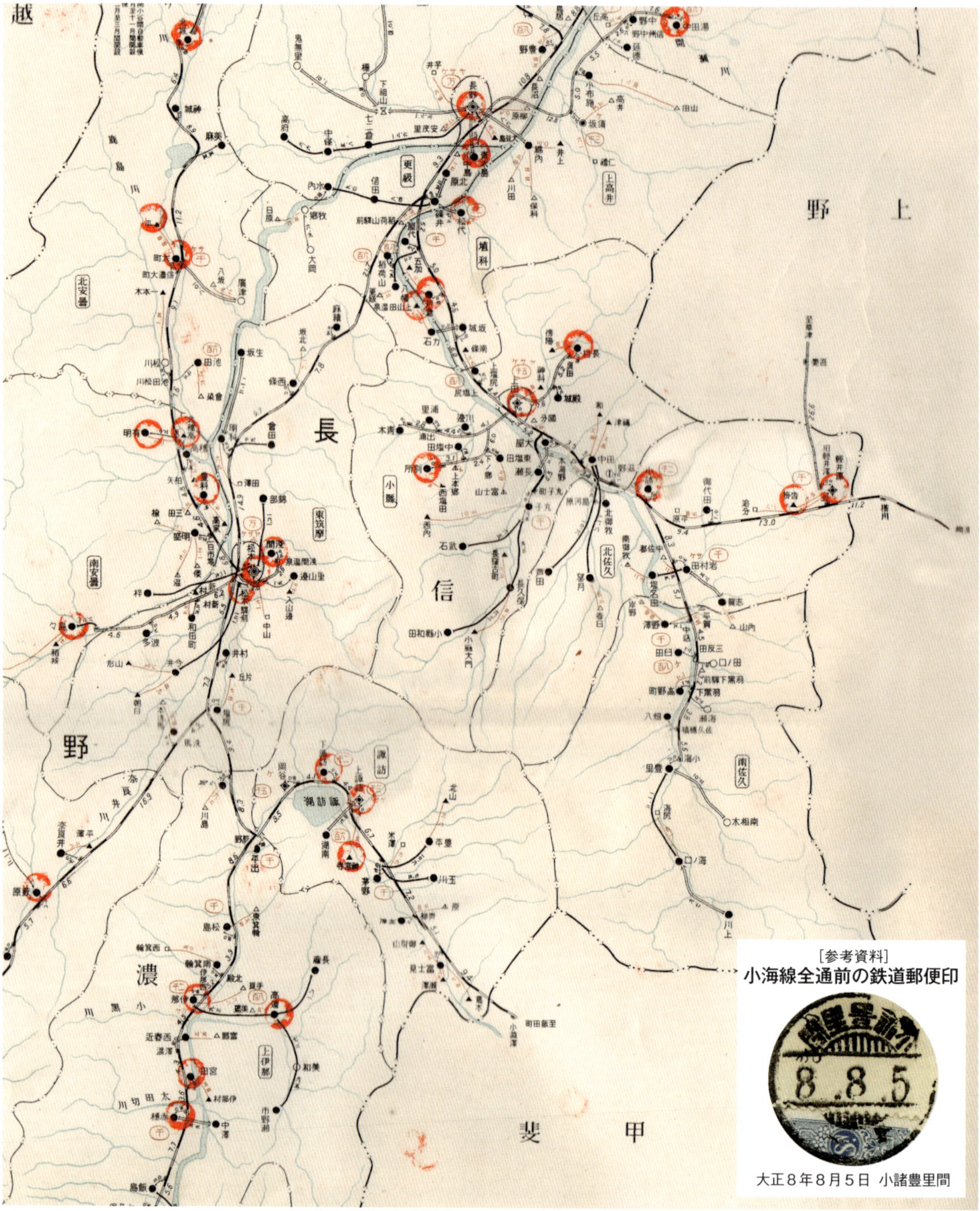


［参考資料］
**小海線全通前の鉄道郵便印**

大正８年８月５日　小諸豊里間

# 長野郵便局管内郵便線路図（佐久郡 部分） 昭和 11 年調 **小海線全通後**

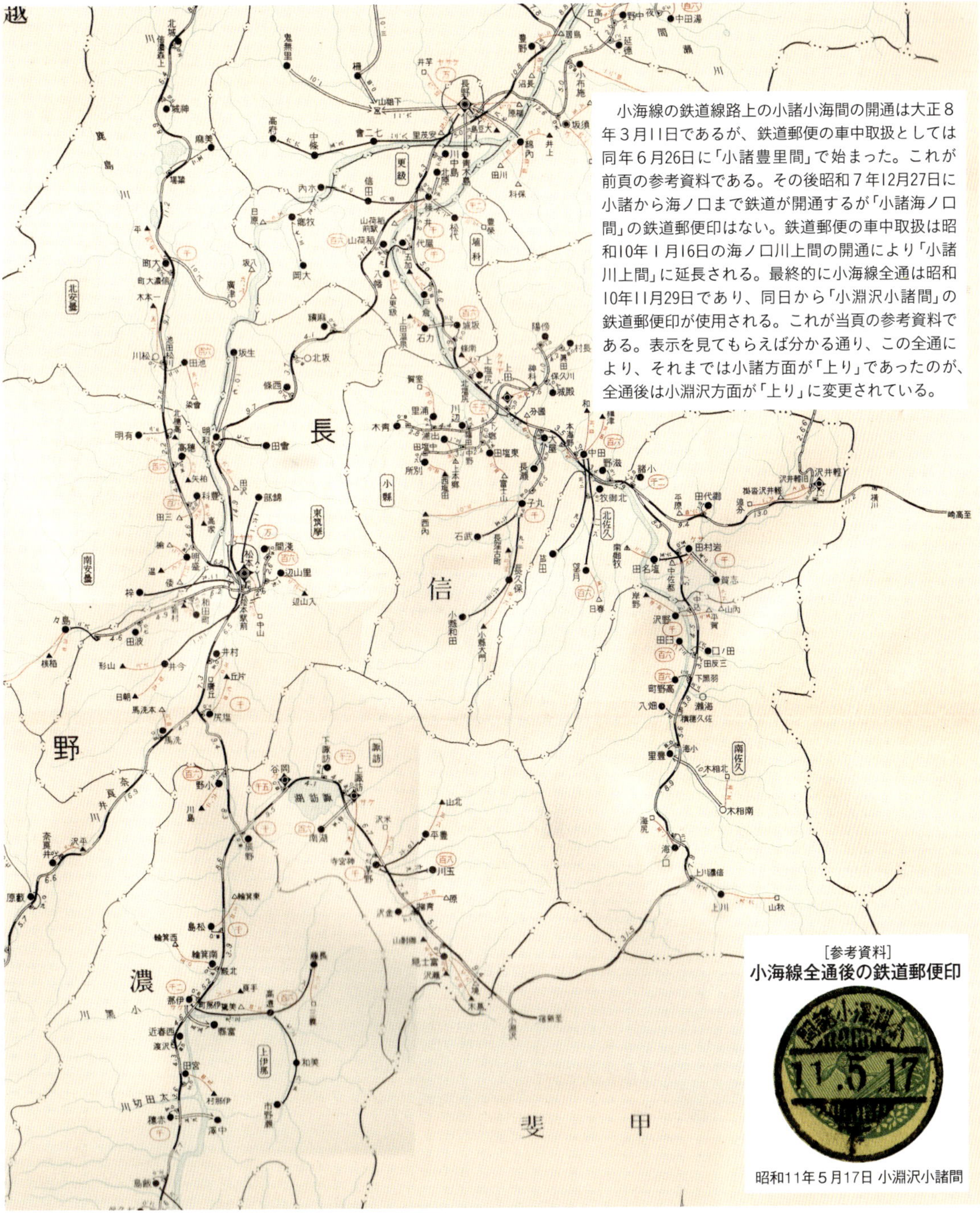


小海線の鉄道線路上の小諸小海間の開通は大正８年３月11日であるが、鉄道郵便の車中取扱としては同年６月26日に「小諸豊里間」で始まった。これが前頁の参考資料である。その後昭和７年12月27日に小諸から海ノ口まで鉄道が開通するが「小諸海ノ口間」の鉄道郵便印はない。鉄道郵便の車中取扱は昭和10年１月16日の海ノ口川上間の開通により「小諸川上間」に延長される。最終的に小海線全通は昭和10年11月29日であり、同日から「小淵沢小諸間」の鉄道郵便印が使用される。これが当頁の参考資料である。表示を見てもらえば分かる通り、この全通により、それまでは小諸方面が「上り」であったのが、全通後は小淵沢方面が「上り」に変更されている。

[参考資料]

**小海線全通後の鉄道郵便印**

昭和11年５月17日 小淵沢小諸間

※昭和8年調、および昭和11年調の郵便線路図は郵政博物館所蔵

# 地方郵便史の課題

片山七三雄

今回縁あって本書の構成などをお手伝いさせていただく機会を得た。その中で日ごろ感じていることを書く機会を与えていただけたので、二点ほど述べさせていただきたい。

一つ目は、地方史研究に、逓信事業史の観点を位置づけるという作業の必要性である。逓信事業史、狭く言えば通信史は、例えば交通史に比べると、まだまだ十分に地方史研究の中に位置づけられていないように思われる。例えば鉄道網が開通した場合でも全ての列車が郵便を運んだとは限らないし、全ての駅で郵便物を受け渡したとは限らないし、その運び方、受け渡し方も閉嚢なのか、開嚢なのかによって、郵便の取扱い方が変わってくる。また、鉄道電信網を一般公衆が利用できたのか、その場合近隣の電信取扱局所との事務取扱の関係でどのような電信網を作っていたのかの解明も必要になる。

しかし逓信省がその鉄道網をどのように郵便網や電信網に使ったのかということは必ずしも興味を持たれていないように思える。

このような作業を行う際、その地方の郵便局の資料が役立つことは言うまでもない。もちろん本省の資料や逓信公報などでもそれなりには調べられる。しかし中には、その地方の管轄局毎に実施される場合もあり、運用面からの調査ではその地方の郵便局の資料が最適といえる。

今回の海ノ口郵便局の局内保存の資料のように、資料館などへの寄贈の形であれ、古物商などへの販売であれ、郵便局所蔵の資料が表に出ることは決して珍しいことではない。しかしこの資料が市場に出る場合には、一般的に価値があるとされる切手が貼られたものや消印があるものが選ばれ、さらにこれが綴られた書類の場合には綴りのままではなく1枚ずつに分けて販売されることが多い。分散されてしまえば、もはや収集界に散逸した資料を元に戻すことは不可能であろう。今回のように資料がほぼ完全にオリジナルのまま残っているという場合は、研究者にとっては極めて貴重な資料になる。

ところで、郵便局内保存の資料が幸運なことに地元の資料館などにすべてが寄贈されたような場合でも問題がないわけではない。その資料館では、まずこれらの資料を「整理」、例えば、文書綴の表紙の名前に基づき番号を附して整理して所蔵リストを作る。しかしこの資料を読み解き、地方史に位置づける作業を行う場合には逓信省や郵政事業史全般の専門家が必要になるのだが、その数が非常に少ない。これが二つ目の問題である。

幸いなことに井出家にはまだ本書や切手の博物館の展示では紹介しきれない未整理の膨大な資料があるとのことである。きちんと整理された形でその全貌が発表されることを心待ちにしている。

**片山七三雄**
郵便史研究会理事。逓信事業全般を研究。関連の著述、著作、及びコレクション発表が多数ある。

## 集配区と郵便線路

地方史を郵便逓送から読み解くには基本的には二つの必須情報がある。一つが集配区（無集配局の場合は集配親局）であり、もう一つが郵便線路（逓送路）である。しかしもし逓送路が二つ以上ある場合には、それぞれの逓送路の発着時刻が分かる必要がある。この三つが分かると、郵便物の名宛を受け持つ郵便局に、何時発の便でどのルートで逓送すれば、少しでも早く逓送できるのかが分かる。

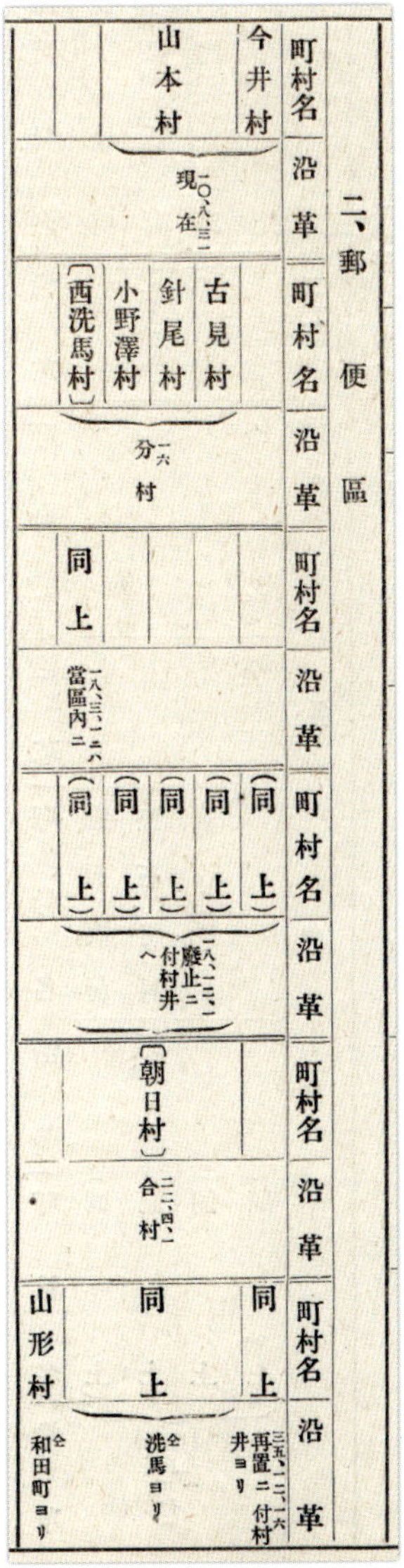

二、郵便區

| 町村名 | 沿革 |
|---|---|
| 今井村、山本村 | 現在（一〇、八、三一） |
| 古見村、針尾村、小野澤村、（西洗馬村） | 分村（一一、一六） |
| 同上 | 當區内ニ（一八、三、一、二八） |
| （同上）（同上）（同上）（同上）（同上） | 廢止ニ付村井ヘ（一八、一二、三一） |
| （朝日村） | 合村（二二、四、一） |
| 同上、同上、山形村 | 再置ニ付村井ヨリ（三五、一二、一六）、仝洗馬ヨリ、仝和田町ヨリ |

**今井局の郵便区**
**（長野郵便局「長野県通信沿革誌」大正5年刊より）**
最下段を見ると、明治35年12月16日以降、朝日村が洗馬局から今井局の集配区域に移管されたことが分かる。

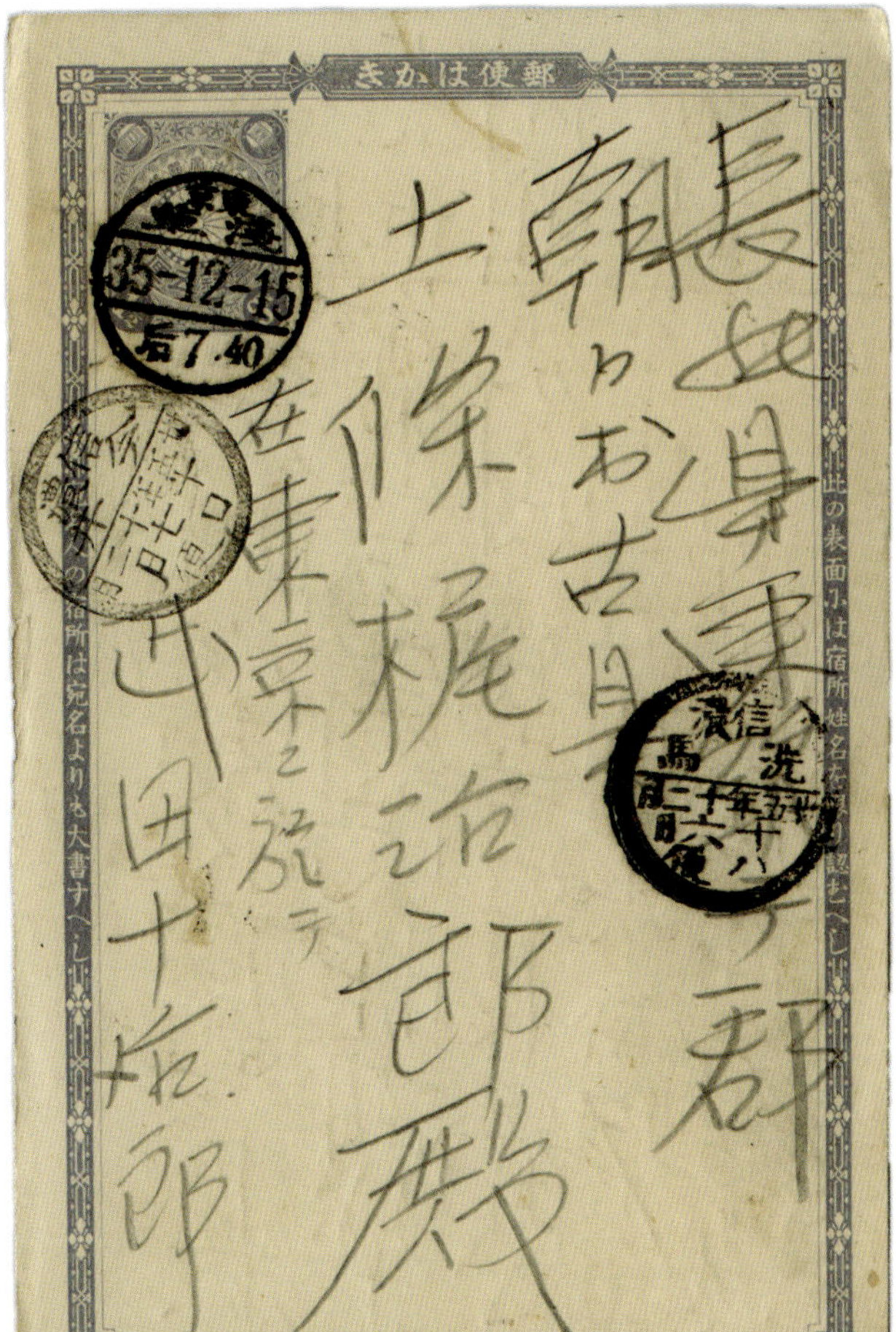


**東京浅草　明治35年12月15日 ⇒ 信濃　洗馬**
**12月16日 ⇒ 信濃　今井　12月17日。（著者蔵）**
今井局は上掲の郵便物洗馬局到着日である明治35年12月16日の開局で、朝日村は、それまで洗馬局の集配区域であったが、今井局の開局日から今井局の集配区域へと移管される。この移管が逓信公報上で告知されるのは約一ヵ月後。その間は、このルートで運ばざるを得なかっただろう。

※長野県通信沿革誌：郵政博物館所蔵

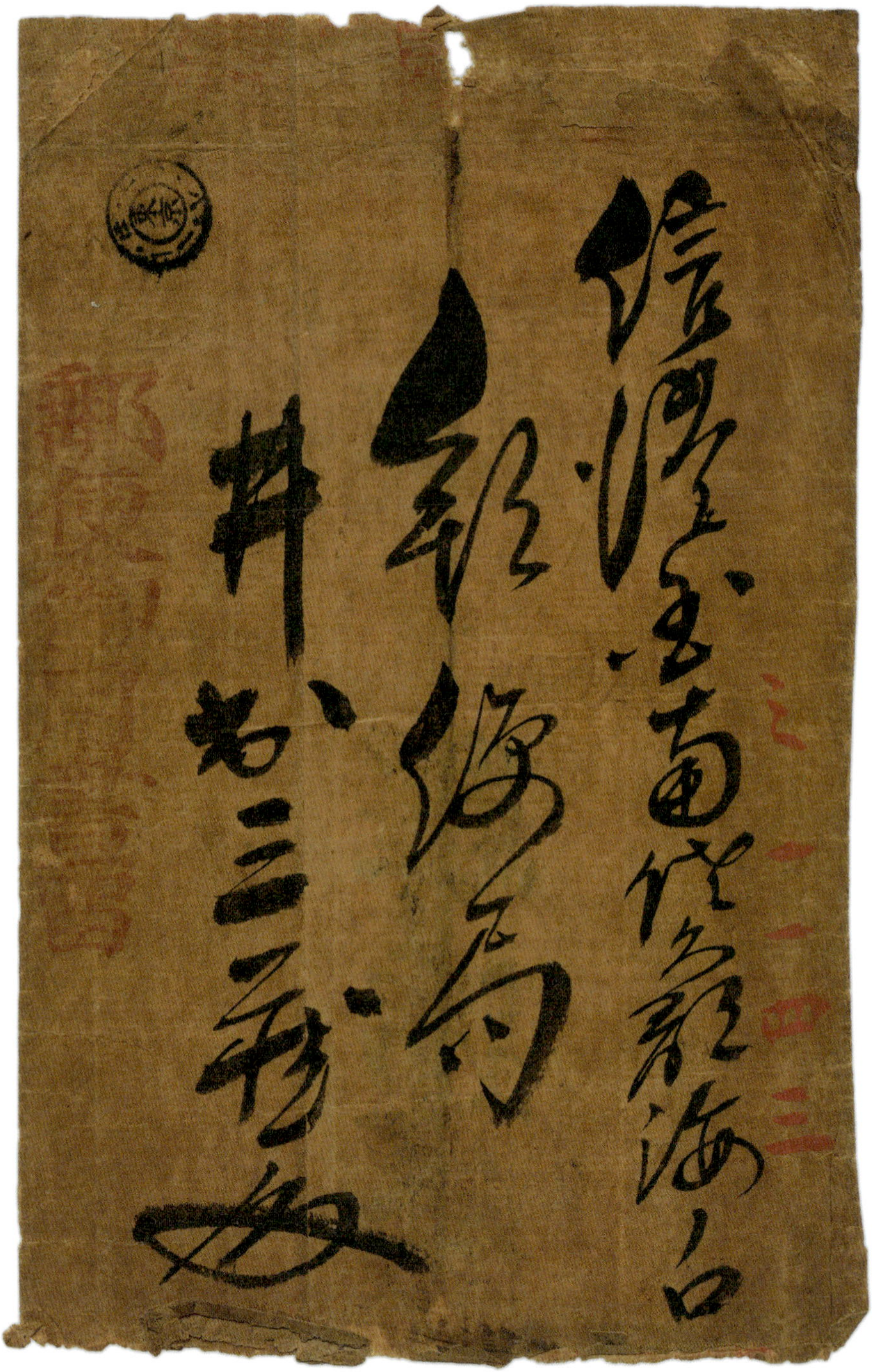

駅逓局から
井出三蔵宛に届いた
郵便御用書留の封筒
明治14年８月11日
東京

# 井出家所蔵　郵便史料一覧（年代順）

## 1　通達類

| | | |
|---|---|---|
| 駅逓関係御布告 | | 明治6年～9年／明治10年 |
| 長野県参事布告 | | 明治7年／明治8年 |
| 飛信逓送切手見本4種 | ➡p24･25 | 明治7年 |
| 飛信逓送規則 | ➡p25 | 明治7年 |
| 日本帝国郵便規則及罰則　駅逓寮 | | 明治8年 |
| 郵便集会日誌（長野県郵便取扱役集会日誌） | | 明治11年 |
| 郵便取扱役姓名録（全国郵便取扱役名簿） | | 明治14年 |
| 駅逓局職員禄 | | 明治17年 |

## 2　帳票類

| | | |
|---|---|---|
| 郵便切手売下代上納書 | | 明治7年～10年 |
| 御勘定仕上書 | ➡p18~21 | 明治7年～10年 |
| 郵便信書送受帳 | ➡p22･23 | 明治8年～9年 |
| 郵便信書送受判取簿 | | 明治8年 |
| 郵便信書送受判取簿（御布告請取証） | | 明治9年 |
| 配達請取証 | | 明治9年～ |
| 書留郵便継立証印記 | | 明治13年～14年 |
| 書留郵便物請取証 | | 明治13年～15年 |
| 郵便書留継立簿 | | 明治16年～18年 |
| 切手封皮類送達証 | | 明治18年～20年 |
| 郵便開函証印記 | ➡p35 | 明治19年／明治22年 |
| 国界橋交換所郵便待合日記 | ➡p9･30･31 | 明治20年 |
| 日付印検査簿 | ➡p32~34 | 明治20年～21年／明治22年／明治26年／大正10年 |
| 書留郵便物配達請取証 | | 明治22年～24年 |
| 海ノ口—豊里間継立帳 | | 明治28年 |
| 郵便料金取立帳 | ➡p48･49 | 大正13年～昭和6年 |
| 取集証印帳 | ➡p45 | 大正15年（昭和元年） |
| 特殊郵便物受領証原符 | | 昭和18年～20年 |
| 外国特殊郵便物配達証 | | 昭和18年～20年 |

## 3　関連資料

| | | |
|---|---|---|
| 外国郵便税表 | | 明治8年9月10日 |
| 郵便物逓送時間遅速一覧表 | | 明治18年1月・2月 |
| 大中線郵便物逓送現行平均時間遅速比較一覧表 | | 明治17年11月・12月 |
| 長野郵便局管内郵便線路図＊ | ➡p63~73 | 明治8年調／明治18年12月1日調／明治28年4月1日調／明治38年4月1日調／大正4年4月1日調 |
| 長野郵便局管内電信回線図＊ | ➡p52~24 | 明治18年4月1日調／明治28年4月1日調／明治38年4月1日調／大正5年10月1日調 |
| 長野郵便局管内市外電話回線図＊ | | 大正4年11月10日調 |
| 名古屋逓信局区内郵便結束表 | | 昭和10年9月15日現在 |
| 鉄道郵便線路図 | | 昭和25年2月 |
| 貯金心得並利子積算表 | | 年代不明 |
| 宛札（甲府郵便電信局→豊里） | | |

＊大正5年発行「長野県通信沿革誌」付属資料

## 4　備品類

| | | |
|---|---|---|
| 草色ペンキ塗掛箱1基 | ➡p26 | 明治期 |
| 春慶塗掛箱3基 | ➡p27 | 明治期 |
| 局名提灯 | ➡p27 | 年代不明 |
| 八角時計 | ➡p27 | 明治39年 |

## 5　印類類

雪支（➡p29）、貯金用二重丸型日付印および木製活字一式、信濃国海ノ口郵便局（以上➡p55）、為替用縦書丸一型日付印、信濃国海ノ口郵便局為替印章（以上➡p56）、受持管理所名 郵便為替貯金管理所、信濃国海野口郵便局承認、貯金債権購買金、勧業債券購買金、税済、海ノ口郵便局長（以上➡p57）、そいむ、出納日報。

※郵便取扱役および郵便局長任命状は省略しています。また、資料の記録年代は中途に欠けのある場合があります。

切手の博物館・特別展

**日本の郵便と歩んだ 井出家五代**

—地方郵便史の発掘—

会　期：2018年4月18日（水）～4月22日（日）・24日（火）

会　場：切手の博物館スペース1・2

## 井出新九郎さんからのメッセージ

井出家が五代にわたって土蔵で保存し、受け継いできた郵便史料を、初めて皆さまの目にふれさせていただいたのは、昭和59年（１９８４）6月20日から8月26日まで東京富士美術館で開催された「日本切手１００年の歩み」展でございました。

今回、切手の博物館にて再び郵便史料の展覧の機会を得ましたことは、皆さまに感謝の気持ちでいっぱいでございます。この機会を作っていただいた日本郵趣協会の大髙正志さん、金川博史さん、監修の片山七三雄さん、書籍編集の平林健史さん、そして切手の博物館の皆さまに、心よりお礼を申し上げます。

**海ノ口郵便局**　右上の拡大部分が局舎。巻末の全景を参照されたい。

戦前の絵はがき「信濃海ノ口全景」


# 日本の郵便と歩んだ 井出家五代

—地方郵便史の発掘—

2018年3月25日　第1版第1刷発行

**発　　行**　一般財団法人 切手の博物館
〒171-0031 東京都豊島区目白1-4-23
電話 03-5951-3331

**発 売 元**　株式会社 郵趣サービス社
〒168-8081 東京都杉並区上高井戸3-1-9
電話 03-3304-0111（代表）　FAX 03-3304-1770
http://www.stamaga.net/

**協　　力**　井出新九郎
**監修・執筆**　片山七三雄
**制　　作**　株式会社 日本郵趣出版
**編　　集**　平林健史　松永靖子
**ブックデザイン**　三浦久美子

**印刷・製本**　シナノ印刷株式会社

平成30年2月5日　郵模第2732号





ISBN978-4-88963-817-2 C1065

信濃海ノ